science·i

イヌを長生きさせる50の秘訣

危ないドッグフードの見分け方とは？
肥満犬を走らせてもやせない理由は？

臼杵 新

SB Creative

著者プロフィール

臼杵 新（うすき あらた）

1974年、埼玉県出身。麻布大学獣医学部獣医学科卒。神奈川県横浜市港北区の野田動物病院などを経て、現在、埼玉県さいたま市桜区のウスキ動物病院院長。「動物と飼い主の両方を幸せにする治療」がモットーだが、飼い主がペットのためにならない選択をしようとしたときには、はっきり「ノー」ということを心がけている。

本文デザイン・アートディレクション：株式会社ビーワークス
イラスト：伊藤和人（http://www.seesawland.com/）
製品写真：新井邦彦

はじめに

日本はほんの少し前まで、ペットとしてのイヌはきわめていいかげんに扱われてきました。庭につなぎっぱなしで、食べ物は人間の残飯、予防接種もろくにせず、病気になって死んだら、次のイヌを近所からもらってきてまた飼い始める……この繰り返しでした。

しかし、近年、ペットとしてのイヌに対する考え方が進歩し、家族の一員としてきちんと健康管理をしようとする飼い主が増えています。また、人間の医療の世界で確立された技術がペットにも適用されるようになり、これまでどうしようもなかった病気が少しずつ治せるようにもなってきています。

とはいえ、動物病院は「待ち」の仕事です。飼い主がイヌをつれて来院して初めて話が始まります。そんななか、獣医（小動物臨床）という仕事をしていると、「どうしてこんなになるまで放っておいたんですか……！」と叫びたくなる症例にしばしば遭遇します。しかもその飼い主は、いわゆる「絵に描いたような悪い飼い主」ではありません。むしろ、「うちの子が大変なんです！」と、真っ青になってかけこんできたりするのです。

以前、こんなことがありました。

その飼い主はシベリアン・ハスキーを自宅の庭で飼っていたのですが、「カイセンダニ」というダニの感染を見逃していました。そのため、全身が厚さ2cmもあるボコボコのカサブタで鎧のように覆われていたのです。排泄時の尿をかさぶたが吸ってしまい、腹部は尿で濡れ、大量のウジがわいていました。飼い主は来院直前まで、まったくそのことに気がついていませんでした。シベリアン・ハスキーは毛深いため、パッと見ではわからなかったのでしょう。治療を開始したものの、衰弱が激しく、まもなくそのシベリアン・ハスキーは死亡しました。

「飼い主は長生きさせたい」「イヌも長生きしたい(に違いない)」のに、正しい飼い方を知らないがゆえに、つまらないことで病気にしてしまったり、ケガをさせてしまったり、果ては、死なせてしまったりしているのです。こんな不幸なことがあるでしょうか?

現場で体感するこの思いは、そのときごとに来院する飼い主に伝え、近所の人にも苦い体験として話をしてもらうようお願いしています。なぜ、こうなったのか、どこに運命の分かれ道があったのか、似たケースがあったらどうすべきか……。

この本は、このような悲しい事態をどうにか少しでも減らせないかと思って書きました。「愛犬を長生きさせたいのだけど、どうしたらいいのかわからない」「愛犬を大切にする方法を勘違いしてしまっている」飼い主は、残念ながらたくさんいます。

イヌの生活の質は、ちょっとした正しいノウハウを知っているだけで向上します。日々、漫然と愛犬を飼うのではなく、飼い主が正しいノウハウを知り、その重要性を正しく理解していればいいのです。獣医でなくても、愛犬の体調についてポイントをしっかりと観察すれば、初期症状を逃してしまう確率はグンと減ります。

この本は、イヌを飼うときの基本的な知識に触れる機会があまりなかった人や、健康を前提としたあたりさわりのない飼育の指南書よりも、もう少し踏み込んだ内容が知りたい人向けに、私がふだん、診察室で何度も繰り返すことが多い話を50項目にまとめました。

1つひとつの話を深く掘り下げていくと、難しくなりすぎてしまううえに、細かい説明になってしまうため、あくまで「飼い主が家庭でイヌを管理するうえで、知っておくと役に立つ内容、判断の材料になる内容」を心がけました。また、できるだけ手間とお金をかけない方法を紹介しています。

私は「飼い主と獣医はペット治療の共同参加者として同等の立場である」と考えています。ですから、治療内容や治療目標、つまり「いま、どんな効果を狙って、なにを投与しているのか」を、飼い主にも理解してもらうよう努めています。そのための予備知識として、この本がいくらかでも役に立てば幸いです。

2009年3月　臼杵 新

イヌを長生きさせる50の秘訣

危ないドッグフードの見分け方とは？ 肥満犬を走らせてもやせない理由は？

CONTENTS

はじめに ……3

第1章 イヌを長生きさせる環境 ……9

01 屋内飼いでも安全とはかぎらない理由は？ ……10
02 非常に多くて危険な異物誤食に要注意 ……14
03 屋内飼いではイヌの行動範囲を限定しよう ……20
04 人間だけじゃない！ イヌのアレルギー対策 ……24
05 イヌはシャンプーを必要としているのか? ……30
06 過度のストレスはイヌにもよくない ……34
07 暑さに弱いイヌは夏が苦手 ……40
08 イヌの妊娠と出産 ……46
09 正しく知っていますか?
イヌの去勢手術と避妊手術 ……50
10 大地震発生！ そのとき愛犬をどうする? ……54
Column
なぜ、狂犬病の注射はいまでも必要? ……58

第2章 イヌを長生きさせる運動 ……59

11 肥満犬を走らせてもやせない理由は？ ……60
12 イヌの散歩時に起きるトラブル❶ ……64
13 イヌの散歩時に起きるトラブル❷ ……68
14 イヌの散歩時に起きるトラブル❸ ……70
15 軽いケガは飼い主が応急処置できるように！ ……74
16 悪質な毒物散布に注意！ ……78
17 雷や花火は逃走やパニックの原因に！ ……82
18 イヌが熱中症にかかってしまったら
どうする？ ……84
19 散歩中、イヌが草を食べたら? ……86
20 尿、便のチェックは欠かさずに！ ……88
Column
人の力で大きく減った「フィラリア」 ……92

第3章 イヌを長生きさせる食生活 ……93

21 イヌにおやつはいらない！ ……94

22 危ないドッグフードの見分け方とは？ …………98
23 飼い主が作るドッグフード ……………………102
24 イヌの「食餌性アレルギー」を回避しよう ……106
25 肥満は重大な健康被害を引き起こす …………110
26 イヌには毒の意外な食べ物とは？ ……………114
27 イヌに与える水はどんなものがいいのか？ …118
Column
予防接種の費用は高い？ 安い？ ………………122

第4章 病気やケガのサインを知って早期発見 ………123

28 熱がある、体が冷えている ……………………124
29 下痢をしている、便秘をしている ……………128
30 急に倒れた！ ……………………………………132
31 吐く ………………………………………………134
32 イヌが足を引きずっている ……………………138

CONTENTS

33 呼吸がおかしい、咳をする ……142
34 妙にやせてきた ……146
35 イヌの目のさまざまなトラブル ……150
36 イヌの耳のさまざまなトラブル ……154
37 まだあるさまざまなトラブル ……158
38 イヌは骨折してもおとなしくしていない ……162
39 かかりつけ医の定期検診で早期発見 ……166
40 イヌにワクチンを接種させる理由 ……168
41 特定の犬種でよく見られる病気 ……172
42 正しいしつけでメンタルヘルスを確保 ……176
43 人畜共通の感染症に注意 ……180
Column
どうすればいい？　ペットロス ……186

第5章 老犬と幸せに暮らす知恵 ……187

44 老犬の衰え❶関節、骨、筋肉 ……188
45 老犬の衰え❷内臓 ……192
46 老犬の衰え❸認知症 ……196
47 イヌの寝たきり介護事情 ……200
48 老犬になると歯がボロボロになる ……204
49 増えているイヌのがん ……208
50 イヌが最期を迎えるとき ……210

付録01 緊急時に備えて用意しておきたいもの …214
付録02 健康チェック/ケアリスト ……215
付録03 ボディ・コンディション・スコアを目安に体重を管理 ……216
付録04 イヌの年齢と人の年齢の対照表 ……217

おわりに ……218

参考文献 ……220
索引 ……221

第1章

イヌを長生きさせる環境

屋内飼いでも安全とはかぎらない理由は？
―イヌは屋内で飼う？ 屋外で飼う？

「庭にイヌ小屋を用意して飼う」というスタイルは、日本古来の「番犬」という役目も果たせるため、いまでも多くの家庭で見られます。また、屋外は広い空間を用意しやすい、という大きなメリットもあります。

しかし、毎日多くのイヌを診療していて感じるのは、屋外で飼われているイヌは、どうしても管理が不十分になりがちということです。飼い主の動物医療への理解度、熱意が同等だったとしても、屋外で飼われているイヌは、飼い主と接触している時間、距離ともに、屋内で飼われているイヌに比べて劣ります。

そのため、なんらかの疾患で病院へきたとき、「もうちょっと早くきてくれればよかったのに……」というケースが非常に多いのです。具体的には、皮膚炎、外耳炎、化膿してしまったケガ、下痢、嘔吐などが挙げられます。また、リードでつながずに庭を自由に歩かせているお宅（本当はいけないのですが）では、肥料や庭木の誤食、脱走やケガの可能性がぐっとあがります。「番犬にしたい」などの理由で屋外を飼育スペースとする方は、屋内で飼っている方以上に、ふだんのイヌの様子を観察してほしいものです。

では、屋内で飼っている場合はどうでしょう？

屋内で飼う強みは、なによりも細かい観察が可能で、体調の変化を見つけやすいということです。私の家でも夕食後は、イヌといっしょにゴロゴロするのが日課になっています。抱きかかえていじくりまわしているうちに、小さなイボや目ヤニ、口臭、内股の湿疹などが目に入ります。これらの初期病変は、私が同じイヌ

イヌをとりまくさまざまな危険

病気　ケガ　誤食　誤食

屋外
飼い主の目が届きにくいので、トラブルを見落としがちです

屋内
飼い主が近くにいるので、病気やケガなどを発見しやすいです

脱走

通行人などとのトラブル

飼い主以外からの食餌

を屋外で飼っていたとしたら、相当発見が遅れると思います。

大ざっぱに比較すると、スペースなどを確保できるなら、なるべく屋内で飼うほうがいいでしょう。屋外だと観察が行き届かず、通行人から予期せぬ食べ物をもらっていることもあります。活動的なイヌであれば、本当は屋外飼いのほうが、「本人」は楽しいのでしょうが、多少の不便さは慣れれば問題ありません。

飼うスペースとしては、8畳程度の空間があれば大型犬でもなんとかなるでしょう。ただし散歩は十分に行わないと運動不足やストレスの蓄積につながり、最終的には筋肉・骨格の弱体化や家具などへのやつあたり行動、ストレス性の体調不良を起こすかもしれません。

屋内で飼っていても危険はある

では、イヌを屋内で飼えば100％安全なのでしょうか？　それは大きな間違いです。右のように屋内で飼う場合、家具の破壊、ちょっとした小物や人間の食べ物・薬の誤食・盗食、階段からの転落、留守中の暑さによる熱中症などの危険が挙げられます。あらかじめ注意して対策をとっておけばいいものの、飼い主の予想を超えたイヌの行動が、多くのトラブルを引き起こします。先手を打って抜かりなく対策を講じている飼い主は、残念ながらそうそういません。

ですが初歩的なミスは、いずれ屋内飼いがもっとあたり前になり、よくあるふつうの生活風景になっていくなかで、われわれのような獣医などががんばって指導していくことで減らせるでしょう。実際、診察時に長々と話すのは、屋内での環境の話題であることが多いものです。後述するいたずら対策を十分にしておけば、外にいるより安全でしょう。

家の中でも安心はできない！

「うちの子は屋内飼いだから」という甘い考えでは、愛犬を守れません

非常に多くて危険な異物誤食に要注意
―食べてはいけないものを食べてしまったら

「異物誤食」は、ボールペンのキャップなどの消化できない物体のほか、広い意味では人間の食べ物や薬など、本来口にすべきでないものを間違って食べてしまうことを指します。消化できる食べ物であれば、一時的にお腹を壊すぐらいですみますが、人間には無害でもイヌには有害な食品が多々あります。ネギ類が特に有名ですが、調べるとほかにもずいぶんたくさんあることに驚かされるでしょう（114ページ参照）。

また人間用の薬は、成分的に問題がなくても、その量が問題となります。体重6kgのイヌが、通常体重60kgの人間を想定してつくられた薬を食べてしまったら、それだけで10倍の用量です。ほとんどの薬は、有益な作用とそうでない余分な作用（副作用）をあわせもっています。製薬会社や医師は有益な作用が働き、余分な作用があまり働かないよう、量をうまく加減して処方しているわけですが、イヌのような人間より体が小さな動物が食べてしまった場合は、当然余分な作用が大きな問題になります。

薬は、飼い主が飲もうと思ってちょっとテーブルに置いた隙を狙われて、ひょいっと食べられてしまうこともあります。特に注意しましょう。観葉植物も危険です。猛毒ではなくても、しばらくお腹を壊して通院するはめになるイヌはとても多いのです。なかにはスズランのように、致死的な神経毒性をもつものもあります。有毒植物を個別に覚えるのは難しいのですが、特に球根をもつ植物は全部ダメだと考えましょう。すべての植物は、高いところにつり下げたり、棚の上に置くなど誤食防止対策をとってください。

よくある異物誤食

小さいものや壊せるものは、すべてが誤食の対象となります

同じ量でも大違い！

薬は服用者の体内に分散します。体重が人の数分の1しかないイヌは、飲んだ量が人の適正量でも、体内では段違いに高濃度となってしまうのです

もし異物を食べてしまったらどうすればいいのか？

「異物誤食」というのは、症状の程度や進行が非常にばらついて、油断ができないトラブルです。飼い主がイヌの誤食の瞬間を見ていないことが多く、嘔吐が続いて「これはおかしい」と検査し、初めて判明する場合も多々あります。自分の飼っているイヌが「なにかを誤食した」「なにかを誤食したかもしれない」という場合は、すぐに獣医に電話して判断を仰いでください。

トイレ用などに見られる強酸性の洗剤、カビ取り剤などに見られる強アルカリ洗剤、シンナーのような有機溶媒などは、吐かせると気道に入ってしまい、かえって被害を拡大する恐れがあります。むやみやたらに自分で判断してはいけません。

物理的な異物、つまりボールやおもちゃなどを飲み込んでしまった場合は、小さなものであれば自然に腸を流れていって、飼い主も気がつかないうちに自然に解決することもあります。

しかし、胃や腸に引っかかっていたら大変です。内視鏡か開腹手術で取りだすしかありません。症状が激烈であれば早期に精密検査をして発見できますが、断続的にポツポツと吐いている大型犬などは、しばらく薬で胃炎の治療をしたあげく、結局精密検査して異物が見つかる場合もあります。その一方で、昨日ちょっと嘔吐があったほかはピンピンしていたイヌが、今日になってグッタリして担ぎ込まれてきたこともあります。

重度の例では、胃を突き破って肝臓に刺さったり、腸に詰まったりしてその部位が壊死することもあります。ひも状の異物は、糸ノコのように腸の壁をこすって穴を開けることがあります。こうなってくると死亡率もぐっと高くなってきます。そして発見と原因の特定が遅れるほどに、危険はさらに急激に増すのです。

なお、明らかに命に関わるものを大量に飲んでいて一刻を争う

植物の置き方に注意！

スズランは
致命的な
毒をもつ

対策1
高いところに
つるす

対策2
棚などの
上に置く

危険な薬物に注意！

強酸性洗剤
トイレ用洗剤
など

強アルカリ洗剤
カビ取り剤
など

有機溶剤
シンナー
など

イヌは花やフルーツの香料に誘われるのか、洗剤をなめてしまうことがあります。一時的に床に置いた、空になった容器も狙われやすいものです

ときは、先に家で催吐(吐かせること)してから来院してもらうこともないとはいえません。ちなみに「催吐剤」(吐かせ薬)として用いられるのは、食塩、オキシドール、または専用の医薬品などが挙げられます。

しかしながら、食塩を使って吐かせると、吐かせたあとに食塩のせいで体調を崩すことが多く、オキシドールを使って吐かせると、たまにイヌの口内や胃腸の粘膜に炎症を起こします。どちらもご家庭での安易な使用はおすすめしていません。かならず獣医の指示にしたがって吐かせるようにしてください。

なお、首尾よく吐かせたとしても、飲んだ成分のうち、どれだけが腸に流れていったのかもわかりません。腸にまで流れ込んでしまったものは吐かせてもでてきませんので、そのまま入院させて点滴などの継続治療が必要です。

✹異物誤食を防ぐにはどうすればいいのか

対策はシンプルで、誤食しそうな異物をとにかくイヌの手が届くところに置かないことです。異物誤食をするイヌは、繰り返すことが多く、1回だけですむイヌはまずいません。**何度となく胃を切っているイヌ**もいます。飼い主が「異物を食べられないように気をつけましょう」と考えているだけでは、かならずミスをします。

イヌが誤食しそうな小さなものはすべて引きだしの中か、絶対にイヌが届かない高さのところに置いてください。また、ゴミ箱は全力でイヌに体当たりされてもふたが開かないようなものを使ってください。このように、先回りして誤食の候補を減らしておくしかありません。また、思いもかけない意外なものが、イヌの誤食の対象となります。右ページに記しておきますので、参考にしていただければと思います。

誤食防止は、飼い主が先回りするしかない

小物はイヌが取りだせないよう、引きだしに入れましょう

イヌの手が届かない高い場所にある棚に、小物を置いてください

イヌが体当たりしてもこぼれないような仕掛けのゴミ箱がベストです

こんなものを食べたケースも！

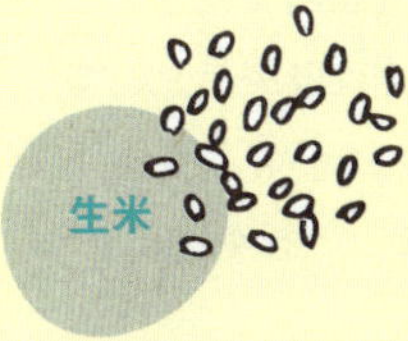

これまで目にした、ちょっと意外な誤食物です。飼い主のにおいがついているものがよく狙われます

屋内飼いではイヌの行動範囲を限定しよう
―不慮の事故から愛犬を守るために大切なこと

家の中でイヌを飼っている人の大半は、イヌを自由に歩き回らせていると思います。しかし前述した異物誤食のように、残念ながら彼らはよくわれわれの予想外の行動をとります。しっかり片づけて、と書きましたが、現実にはなかなか厳しいものがあります。私も子供のころ、散らかしたままのランドセルとファミコンを、母親に庭に投げ捨てられました。相当きちんとした習慣がついていないと、特に子供のいる家庭では365日ずっときれいな状態を維持するのは無理でしょう。そこで、さまざまな危険を防ぐため、**イヌの行動範囲をあらかじめ限定**してしまうのがおすすめです。

家の中に配置する柵や動物防護扉などは、昔は内装屋さんに頼むか自作するしかありませんでしたが、現在では既製品としてペットショップやDIYショップで売られているほか、インターネットのペット家具ショップなどでも入手できます。これを利用して、入り込んでほしくない場所を守るとよいでしょう。

具体的には、転落・溺死を防ぐためお風呂場に入れないようにする、誤食を避けるため台所に入れないようにする、転んで背骨や膝関節を痛めないように階段に立ち入れないようにする、といったことが挙げられます。これは最悪のケースですが、飼い主が玄関の出入りをした隙に飛びだして、直後に目の前の車道で車にひかれて死んでしまったという、痛ましい事故も実際にあります。家の中と外を区切る場所には、十分注意したいところです。

においや音でイヌを遠ざける商品もありますが、効果には疑問があります。どちらも慣れてしまえば、イヌたちは平然と脇を通

いまは既製品の柵を売っている

写真はアイリスオーヤマのシステムペットフェンス「STF-609」。3,000円前後で購入できます

写真はアイリスオーヤマのペットゲート「WPG-850NS」。9,000円前後で購入できます

写真協力：アイリスオーヤマ

危険な場所には入らせない！

お風呂場

浴槽はすべるため、小柄なイヌは落ちるとはい上がれないことがあります

台所

細かい調味料や調理に使った食材の破片、刃物、火……台所は危なくないものを探すほうが難しいでしょう

階段

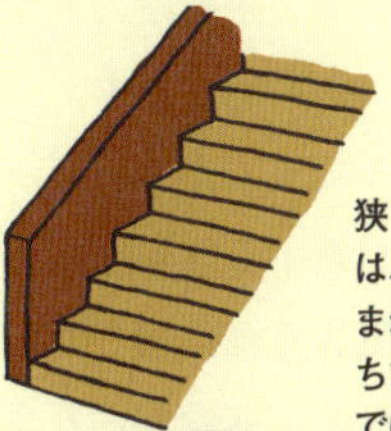

狭くて急な階段は、一度転ぶと止まれずに下まで落ちます。骨折例まではあまり見ませんが、頭を打ったり、打撲することはしばしばです

玄関

もちろんいちばん警戒すべき脱走ルート。扉を閉じるときに入り込んで、はさまれたあげく骨折するイヌもいます

り抜けてしまうでしょう。自業自得とはいえ、嫌なにおいがあたりに充満することで、ストレスが持続的にかかるかもしれません。

もちろん道具に頼らず、しつけでこれらの禁止事項を教え込むのが一番理想ですが、飼い主がいない間もこの言いつけを守れるほどにきちんと仕込まれたイヌはそうそういません。なにかおもしろそうなものがそこに見えてしまえば、つい進入してしまうはずです。物理的に不可能にしてしまうのが、いちばん安心です。

家の中が柵だらけになるのを避けるためには、リビングなどをイヌ専用の空間として、そこの出口を塞ぐ扉だけにする、もしくはサークルを用意して、家を空けるときにはそこにイヌを入れておくという手もいいでしょう。なお、廊下に柵や扉を設置すると、家族が夜中、トイレに行くときに思い切りつまずくことがあるので、常夜灯の併設がおすすめです。

落下事故は猫に多い話で、イヌではめったに聞きませんが、ベランダの柵の間をイヌの頭が通れる場合は、転落の可能性もゼロではありません。横に棒を渡して不用意に乗りだせないようにするなどしましょう。猫はそれなりに受身を取りますが、イヌはそういう能力に欠けます。階段からの転落でもそうですが、あっさりと重症を負います。四肢の骨折ですめばよいのですが、頭や胴体への強い打撃は命に関わります。よぼよぼの老犬が階段の上から土石流のように転げ落ちて脳震盪《のうしんとう》を起こすこともあります。

電気コードは、家具の裏を通したり、モールで包んだり、カーペットの下を通したりしておけば、かじって感電する危険を減らせます。ふだんいたずらをしないイヌでも、気まぐれに起こした最初の過ちがその子の生涯をいきなり終わらせる可能性があります。聞き分けのいいイヌにかぎって突然大問題を起こしたりしますので「うちの子はだいじょうぶ」などと過信するのは禁物です。

においや音を用いたグッズには慣れてしまう

ビー
ビー

禁止事項をイヌに守らせるためのグッズは、結局慣れてしまうことが多いものです

事故を防ぐ工夫

イヌ用の
部屋を
設ける
犬用

サークルを
つくっておく

ベランダの
柵から落ちない
ように工夫

カーペットの下
電気コードは
カーペット
の下に

人間だけじゃない！ イヌのアレルギー対策
―飼い主が原因を取り除くことで解決するケースも多い

「アレルギー」という言葉を聞いたことがない人は恐らくいないでしょう。読者のみなさんの中には、毎年春先に「花粉症アレルギー」で悩まされている方がいるかもしれません。このアレルギー、簡単にいうと「なんらかのトラブルによって、体の免疫システムが自分の体を攻撃してしまっている状態」を指します。また、アレルギーを引き起こす原因を「アレルゲン」と呼びます。もちろんイヌでも同様です。人間ではずいぶん問題になり、研究が重ねられているものの、難治性のものをきれいさっぱり治すことは、残念ながらまだできていないようです。

アレルギーは、皮膚、消化器、呼吸器などに炎症を起こしますが、アレルギーが引き起こすさまざまな症状の中でも、イヌの臨床現場で問題となるのは、おもに「アレルギー性皮膚炎」です。

アレルギーの要因は足し算で積み上がっていきます。たった1つの原因だけで、発生することはあまりありません。ですから、飼い主の努力でアレルギーの原因を見つけだし、排除していくうちに、じょじょに炎症は軽減していくはずです。最近は血液検査でのアレルゲン特定も進歩してきていますが、コストがかかるうえに信頼性がいまひとつです。そのため筆者は、状況に応じて飼い主さんと相談しながら、血液検査を行うか否か決めています。

イヌのアレルギーの原因は、大きく分けて「周囲環境」「遺伝（イヌの品種ごとの特性や、特定の血筋のアレルギー性が特に強い）」「食生活」の3つに分けられ、周囲環境はさらに、「空気浮遊物（花粉や煤煙）」「体に触れるもの」「精神的ストレス源」の3つに分かれ

アレルギーとは？

水を入れすぎたコップから、水があふれるかのように、体の許容量を超えたアレルギーの原因が、体にさまざまな症状をだします。かゆみは、皮膚のアレルギーの中でもわかりやすいサイン。飼い主がふだんから注意していれば、早期に発見できます

アレルギーの3つの原因

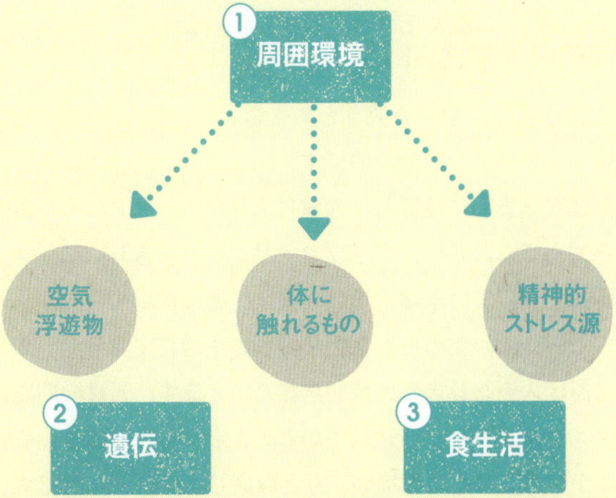

ます。

では、これらの原因に対して飼い主はどのように対処すればいいのでしょうか？　基本は「あやしいものは徹底して排除し、接する素材の種類を減らす。やむを得ず接触したら、なるべく洗い流す」ということになります。ここでは特に「周囲環境」の中の「空気浮遊物」と、「体に触れるもの」、そして「遺伝」について具体的に見ていきましょう。周囲環境の中の「精神的ストレス源」に関しては34ページ、「食生活」に関しては106ページで解説します。

❶周囲環境

・体に触れるもの

体の下面、四肢やあごの下がひどい湿疹になっている場合、床材や草むらとの接触を疑います。外ではアスファルトの路上を歩くだけにして、公園や河川敷の草地には入らないようにしましょう。これだけで劇的に改善するイヌもいます。

問題は家での環境です。われわれの家庭にある物品の素材はさまざまで、イヌは広くそれらと接触しています。自分が飼っているイヌにアレルギー症状が見られた場合は、まずイヌに接触する素材を絞り込み、原因を突きとめましょう。サークルを設置し、行動範囲を狭めるのは効果的です。

また部屋はまめに掃除し、素材は人間にも、イヌにもやさしいものを選んでください。床がフローリングならきれいにふき、敷物を肌あたりのよい木綿生地にします。逆に木綿の敷物があやしいようであれば、なめらかな化学繊維の生地にするといいでしょう。食器はステンレスが比較的無難といえます。素材の問題以外ではダニアレルギーが非常に多いことがわかっています。これにはダニが生息しにくい環境づくりと徹底した掃除が有効です。

周囲環境を改善する

飼い主の細やかなケアでイヌのアレルギーは
減らせます

部屋をまめに
掃除する

草地を避ける

敷物を
交換してみる

食器は
ステンレス
にする

このようになるべくシンプルにした環境で、しばらく経過を見ます。多少居心地が悪いかもしれませんが、これで改善が見られるようなら、排除した素材のどれかがヒットしていたという推測が成り立つわけです。もちろん、ずっとそのままではイヌも人も不便ですから、アレルギーの再発に備えてよく観察しながら、少しずつ環境を戻していきましょう。

・空気浮遊物

空気浮遊物は、なかなか対処が難しい問題です。気温と湿度が上昇するだけで、アレルギー症状がひどく悪化するイヌも多いので断定は困難ですが、春から夏にかけて症状が悪化するようであれば、花粉や草木との接触を疑います。そのほか、「マイクロダストに強い掃除機を使う」(紙パックは純正最高級品でないとダストが漏れることもある)、「朝いちばんに、室内の浮遊ダストが床に落ちているところをそっと静電気モップで掃除する」「たばこはやめる」など、人間の喘息対策と同様の対処が有効です。仮にアレルゲンでなかったとしても、室内をキレイにして損はなく、自分の健康にもいいのですから、ぜひ実行しましょう。

❷遺伝

遺伝に関してはもう仕方ありません。もともとイヌの皮膚はあまり強くありませんし、雑種犬はともかく、純血種は長年にわたり人間が狭い範囲で交配を繰り返したために、アレルギーにかぎらず非常にデリケートな体質になっています。**洋犬は一般的に日本の高温多湿気候が苦手**です。特に耳が垂れていたり耳毛が生えていたりする「コッカースパニエル」のような犬種は外耳炎など、パグやブルドックのような鼻が短い短吻種《たんふんしゅ》(いわゆる鼻ぺちゃ顔)は、しわが多いため皮膚炎と縁が切れません。

屋内でアレルゲンになりがちなもの

遺伝

スパニエル系は皮膚が非常に弱いです。四肢に長く毛を残すトリミングデザインが、さらに皮膚に負担をかけます

パグのような短吻種（鼻が短い種）は、常に皮膚トラブルとつき合っていく覚悟が必要です

イヌはシャンプーを必要としているのか？

—くれぐれも洗いすぎないように！

本来、イヌにかぎらず人間以外の動物は、シャンプーを必要としません。野生の世界に住む動物は、シャンプーなんてしませんよね。ですがペットとしてイヌを飼う場合、ずっとそのままでは獣臭《けものしゅう》が強くなってきますし、屋内飼いだとほこりや汚れを吸いつけてうす汚れてきます。

これらを解決するために、ときどきシャンプーをするわけですが、あくまで「人間側の都合で洗っている」ということを忘れないようにしてください。イヌの皮膚は、ごしごしと強く洗うと簡単に傷がつき、そこから皮膚炎が起きることもあります。決してわれわれが頭を洗うような強さでこすってはいけません。**指の腹で、軽くもむ程度で十分**です。洗い終わったイヌの体を拭くときはやさしく、四肢は握ってタオルドライし、ドライヤーは熱すぎないように少し距離を離して吹きつけるようにしましょう。

あくまで目安ですが、イヌのシャンプーは、皮膚トラブルのない屋内犬で月に1～2回。屋外飼いはひどく汚れたときだけでよいでしょう。なお、ノミ取りシャンプーの効果はそのときだけなので、かならず、別途ノミ駆除外用薬を使ってください。

皮膚炎を抱えたイヌの洗い方

皮膚炎にかかっているイヌは、皮膚を清潔にすることが重要です。食べ物や環境の改善、病院での投薬と並んで、シャンプーは皮膚のトラブルを抑えるうえで重要なケアの1つです。特に冬以外の季節は、イヌの皮膚への負担が大きく、体を洗う回数を多く

イヌの洗い方

爪を立てずに指の腹でやさしく洗いましょう

ごしごしこすると、毛の薄いところの皮膚が傷ついてしまいますので、力を入れすぎないように

毛をとかす手に向かってドライヤーを吹きつけます。熱すぎないか、常に飼い主が自分の肌で確認します

ノミ取りシャンプーは一時的

ノミ取りシャンプーは、ついたノミを落とすもの。シャンプー後にノミがつかなくなるわけではありません

洋犬は暑さに弱い

一般的に洋犬は日本の高温多湿に負けやすく、本国より皮膚疾患が多く発生するものです

しないと、清潔さを維持できないことが多いのです。ある皮膚炎がひどいイヌは、複数のシャンプーを使い分けながら3日に1回洗ってもらっています。また、洋犬は日本のような高温多湿の気候には向きませんので、原産国では問題ない皮膚のもち主であっても、日本では皮膚炎もちのイヌと同等のケアをしないとダメな場合もあります。では、どんなシャンプーがいいのでしょうか？

・一般のシャンプー

市販されている一般のシャンプーは、おもにイヌの毛をきれいにつやつやにすることをアピールポイントにしています。しかしこれらのシャンプーは健常な皮膚を前提にしていますから、皮膚が炎症を起こしていたり荒れていたりするイヌには悪影響を与える可能性があるので注意しましょう。

・低刺激シャンプー

分類としては前述の一般のシャンプーに近く、種類も豊富です。刺激になりそうな成分を除き、自然由来の成分を主体にしてありますが、現在進行中の皮膚疾患を積極的に治療するものではありません。健康体か、もしくは治癒後のケアに使用しましょう。

・薬用シャンプー

最近増えてきたのが薬用シャンプーで、飼い主の意識の向上にあわせて、各社から新製品が次々とでてきています。薬用とはいえ、残念ながら「すべてのイヌに向いたシャンプー」はなく、その都度、症状にあわせて選んだり、変えたりする必要があります。商品の数が多いため、正直、全部をテストすることはできませんし、イヌとの相性もあります。説明書を読んでみて、よさそうな新製品は飼い主にすすめて試してもらったりしています。

・殺菌シャンプー

皮膚炎の原因となっている菌を抑えて、皮膚炎の改善を狙ったものです。ただし、菌が増えている原因も同時に解決しないと効果は薄く、イタチごっこになりがちです。硫黄やサリチル酸が配合されたものは角質溶解力が高く、同時に殺菌効果ももつため、脂っこい炎症によく用いられます。ただし刺激も強いため、加減をしないとかえって悪化させる場合があるので注意しましょう。

最近ではさらに、皮膚のバリア機能を保護することに重点をおいたシャンプーもでてきています。保湿成分などを強化し、本来皮膚がもっている防御力を回復させるものですが、うまくマッチすると、かなり良好な結果をだしています。花粉やほこりなどのアレルゲンを落とす手段としても重要なので、担当医と相談しながらうまく使いこなすといいでしょう。

シャンプーの選び方

一般のシャンプー

皮膚が炎症を起こしていたり、荒れていたりするイヌには、悪影響を与える可能性があるので注意

低刺激シャンプー

すでに皮膚病にかかっているイヌではなく、健康体のイヌか、治癒後のケアに使用するのがおすすめです

薬用シャンプー

その都度、イヌの症状にあわせて選んだり、イヌにあわせて種類を変えたりする必要があります

殺菌シャンプー

刺激が強いため、加減をしないとかえって悪化させる場合があります。量や頻度には要注意です

過度のストレスはイヌにもよくない
―「甘やかすこと」とは違います

人間は過度のストレスがかかると、さまざまな体や心の病気を発症します。過度のストレスは、人間だけでなくイヌにも悪影響を与えます。しかもイヌは人間と違って、しゃべることができないので、いったいなにがストレスなのか具体的には教えてくれません。ここでは診察していて遭遇することの多いイヌのストレス源と、その解消法をいくつか挙げてみましょう。

外来診察でよく見るストレスの例

・狭い場所であまりにたくさんのイヌを飼う

飼い主がイヌを見守るうえでは屋内飼いがおすすめと前述しましたが、極度に狭い範囲で、しかも多頭飼いをする人がしばしば見受けられます。お店で出会って衝動買いしてしまったとか、拾ってしまってそのままズルズルなど、理由はさまざまです。しかし限界を超えた密度は、結局すべてのイヌを不幸にします。あくまでも目安ですが、小型犬の場合6畳に3頭、大型犬の場合なら8畳に2頭が限界でしょう。また、初めから狭い（もちろん限界はあります）のであれば、イヌは自分の環境はそういうものなのだと考えますが、もともとは広い場所にいたイヌを閉じ込める場合はストレスとなります。

・飼い主が昼間不在になり誰もいなくなる

昼間家族が全員仕事や学校に行ってしまい、世話をする人がいない家庭は、寂しいだけならともかく、事故や体調不良への対応が遅れがちになります。世話が行き届く、手に負える範囲でがん

狭い場所で飼いすぎる

特にイヌ同士で仲があまりよくない場合、お互いが十分な間合いをとれるようなスペースにしておかないと、ケンカの確率が上がります

飼い主が昼間誰もいなくなる

依存心が強く甘えん坊な子だと、1人での留守番が、かなりのストレスになることがあります。そもそも毎日長時間ほったらかしというのはおすすめできません

ばるのが大人の判断というものです。

・同居動物から暴行を受ける

同居動物から暴行を受けたイヌが、ときどき来院します。イヌ社会は、群れの中での上下関係が大変厳しい社会です。しかも上位となるイヌがかならずしも公明正大な性格とはかぎらず、己の支配欲もしくは飼い主の愛情を独占するために、下位となるイヌを徹底的にいびり倒すことがあります。飼い主（最高位のボス）の教育的指導がうまく発揮されればいいのですが、24時間見張っているわけにもいきません。あまりにひどい場合は、イヌの生活エリアを1階と2階に分けるなどの「家庭内別居」をすすめています。

・飼い主から虐待を受ける

飼い主からの虐待も大きなストレスになります。以前酒癖の悪いお父さんに殴られて、夜中に来院したイヌがいました。そのお父さんは「丸めた新聞で1回しか殴ってない」と言い張っていたのですが、調べてみたら肋骨が数カ所折れていました。これはもう家庭内の問題なので、獣医としては「どうにかしてください」としかお願いできません。不当な迫害によるストレスは、極端に攻撃的、あるいは臆病で扱いにくい性格を生みます。また、内分泌系のバランスが崩れ、副腎の機能が極度に低下する疾患につながることもあり、これは生涯高額の投薬が必要となります。ちなみにこのような場合、知人への譲渡をすすめることもあります。

ストレスは、飼い主がきちんと認識している場合もあれば、まったく意識しないまま、知らず知らずのうちにイヌに負担がかかっていることもあります。「いまの自分の飼い方で、イヌにストレスを与えていないだろうか？」……そう不安に思った人は、かかりつけの獣医さんなどに相談しましょう。個人や家族の主観で判断

ほかの動物や飼い主からの暴行

人間からの乱暴な扱いは論外として、同居動物からの慢性的ないじめも軽視できません。長く続くと、凶暴化や異常な恐がりになるケースもあります

していると、思わぬ落とし穴があるかもしれません。

なお、ペットではない野生の動物はストレスがないかのように思うかもしれませんが、野生の世界では自由な行動と引き換えに、常に「外敵」「飢餓」「ケガ」「病気」と闘っています。飼い主が後者4点をしっかり補うかわりに、イヌにも多少の不自由はがまんしてもらいましょう。ただし、あくまで「多少」です。これまで述べたように、飼い主が食餌や散歩、温度管理や清潔な環境を維持しなければならないのはいうまでもありません。

✹「ストレスを減らすこと」と「甘やかすこと」は違う

ここまで、イヌが受けやすいストレスについて紹介してきました。とはいえ人も動物も、生きていくうえでストレスをゼロにすることは、どだい無理な話です。また「ストレスを軽減すること」と「甘やかすこと」は別の話です。たとえば、飼い主がイヌに贅沢三昧させた挙句、イヌが体を壊した場合、粗食に切り替えようとしても、頑として受けつけないケースがあります。これは明らかに甘やかされた結果、発生しているストレスです。

甘やかされたイヌは、病気やケガの治療時にトラブルを起こすこともあります。おいしい食餌を毎回、飼い主の手のひらから与えられているイヌや、飼い主が毎晩いっしょに添い寝しているイヌは、簡素な入院生活に耐えられないことがあります。得られる治療効果を上回るほどの精神的苦痛が発生したため、泣く泣く早期退院させることさえあります。甘やかすと、**本来であれば受け入れられる範囲内の変化にすら対応できない**イヌに育つわけです。

すべての生活習慣にいえますが、結局あとで破綻して方向修正するぐらいなら、初めからよく考えて、一生通じるような生活パターンにしたほうがいいのです。

野生の動物にもストレスはある

外敵　飢餓

ケガ　病気

だから……

遊んでもらえないときもある

ほしいおもちゃがもらえないときもある

おいしいおやつをたくさんもらえないときもある

これらを「かわいそうだ」といってすべて与えるのは間違い！

暑さに弱いイヌは夏が苦手
—人間より先にへばることもあるので要注意！

犬種によってまちまちですが、一般的にイヌは多少の寒さには耐えられます。しかし暑さには弱いので注意しましょう。実は牛や豚、鶏をはじめ、多くの動物は汗をかきません。そして、これらの動物同様、イヌも汗をかきません。

では、熱くなった体をどう冷やすのでしょう？　イヌは、舌を使って「ハアハア」することで唾液の水分を蒸発させ、体内の熱を放散しているのです。それゆえに鼻が短いブルドッグなどの短吻種は熱を逃がす能力が低く、簡単に「熱中症」に陥ります（熱中症については84ページ参照）。

特に飼い主が高齢で暑さに鈍感だったり、エアコンをあまり好まない家庭では、飼い主が平気な顔をしているのに、イヌのほうが人間より先に暑さで倒れたりすることがあります。

ちなみに人間と同じ感覚で扇風機を使ってイヌに風をあてても、前述のように体全体から汗をかいて蒸発させる人間とはそもそも体のつくりが違うので、効果はあまり期待できません。

熱中症を避けるために飼い主が心がけること

では、イヌの熱中症を避けるにはどうすればいいのでしょう？もっとも大切なことは、気温をまめにチェックすることです。暑さに弱いイヌは、気温が25℃を超えたら危険信号と考えてください。強いイヌでも30℃を超えたあたりから要注意です。また、人間の体感温度は非常にあいまいなので、気温を確認するときは温度計で正確な気温を測ることを心がけましょう。

イヌの放熱方法

イヌは、口をハアハアする「パンチング呼吸」で放熱し、体温を下げます。体表からはあまり熱を逃がせません

扇風機はないよりマシですが、もともと毛皮を着ているので、体にただ風をあてても人ほど涼しくはなりません

温度計を利用する

イヌは、個体ごとに暑がる温度が違うので、事前に把握しておきましょう。とはいえ、25℃を超えたら危険信号です。弱いイヌだとこのあたりから、安静にしていても呼吸が荒くなり始めます。飼い主は、かならず温度計で室温を管理しておきましょう

25〜30℃が上限の目安

温度計はイヌがいる高さ、つまり人間のひざ付近に設置するようにしてください。部屋の空気が十分に循環していない場合、部屋の上のほうと下のほうでは約4～5℃も室温が違うことがあるからです。屋内飼いの場合、もっとも有効なのは、エアコンを利用して冷房することです。気温と湿度を下げることで、イヌが舌でハアハアする際の放熱効率がよくなります。

屋外飼いの場合は、直射日光を避け、イヌ小屋を日陰や建物の間のような風の通り道に移動させたりして、イヌができるだけ涼しくなるように工夫してください。また、あまりに暑い日や老齢犬の場合は、昼間だけでも玄関に入れてあげるなどの対策も大変有効です。

最近は、金属プレートの下部に冷却材を貼った商品など、手軽で効果的な熱中症対策グッズを売っています。エアコン以外の冷却方法を探すのであれば、ペットショップの夏用品コーナーなどをのぞくといいでしょう。

ただ、イヌによっては、金属のプレートを警戒して乗らなかったり、ツルツルすべるので嫌がったりすることもあります。そんな場合は毛を短くしたり、思い切って刈ったりするのもよいでしょう。地面に接地する腹部を刈り込むだけでも、冷たい床に寝転ぶだけで体の熱を放出できるので効果的です。ポメラニアンやゴールデンレトリバーなど、一度刈るとその後なかなか生えてこない犬種もあるので、イヌの見栄えを気にする人にはおすすめしませんが、プードルのようにどんどん伸びるイヌなら、単純に丸刈りでもいいでしょう。

ただし、自宅で刈るとバリカンなどの器具を壊してしまったり、イヌの皮膚を傷つけてしまったりすることもあるので、獣医やトリマーに相談することをおすすめします。

夏場にしてあげたいこと

エアコン

屋内で飼っているなら、エアコンで部屋の気温を下げましょう

日陰

屋外で飼っているなら、行動範囲内に日陰をつくってあげましょう

便利グッズ

金属を冷やして熱を取る仕組みの、冷却シートなどを敷いてあげるのもgoodです

毛を刈る

飼い主が自分でやるとケガをさせてしまうことがあるので、獣医やトリマーに刈ってもらうのがおすすめです

✹冬場はどうする？

イヌを屋外で飼っている場合、毛がしっかりしている柴犬やハスキーなどは、一般的なイヌ小屋にバスタオルなどを何枚か敷いておけばだいじょうぶです。しかし、高齢のイヌや、なんらかの原因で弱っているイヌの場合、夜間は屋内に入れてあげてください。

また、イヌの中でも毛が薄く体の小さいものは、熱を保持するのが苦手です。たとえ屋内で飼っていても、寝ているときに小さく丸まっているようでしたら、寒がっている可能性があります。

寒さ対策としても、暖房を利用するのがいちばん望ましいのですが、いつも部屋を丸ごと暖めていると電気代などがバカになりません。ペット用の床ヒーターは低消費電力なのですが、接触している面だけが暖かいため、あまり室温が低い状態で使うことはおすすめできません。人間がホットカーペットの上でうたたねをすると体調を崩しやすいのと同じ理由です。

おすすめの方法は、ペット用の床ヒーターの上にダンボールなどでカマクラ型の覆いなどをつくり、中に暖かい空気がとどまるような小屋をつくることです。これならば熱が拡散しないので、こたつのように全方位を暖かくできるからです。

また、夏でも冬でもいえることですが、「飼い主がよかれと思って設定した温度が、実はイヌには適していなかった」ということがあります。できるだけ周囲の環境温度に差をつけるのはもちろん、イヌ自身が望む温度の場所を何カ所か選べるように配慮してください。

夏にエアコンをつけていても、一応近くに毛布を置いておく、冬でも暖かい部屋から冷たい廊下へすぐにでられるようドアを少し開けておくなど、イヌの好みで選べるようにしておくのが理想です。

冬場にしてあげたいこと

ダンボールなどで囲んであげるのは効果的です。手前にのれんを下げて、中に暖かい空気をたくわえられるようにするとなおよいです

できれば部屋の扉を開けておくなどして、イヌが自分で好みの温度の場所を選べるようにしておきましょう

08 イヌの妊娠と出産
―陣痛が弱いケースには飼い主も要注意

日本では昔から、イヌは安産の象徴でした。しかしこれは古くからいる雑種や各種の日本犬、つまりは中型サイズ以上のイヌを前提に伝わってきたものです。うまくいくとき、人間はほとんど手だしをしなくても、母犬はとどこおりなく出産をすませます。せいぜいへその緒をもめん糸で縛ってやるぐらいで、あとは遠巻きに見ていればOKです。

明らかに難産であれば、すぐに病院へ連絡してほしいのですが、陣痛が弱いケースには注意してください。破水が起きているように見えるのに、本人はケロリとしていて一向にいきむ様子がない場合、もう少し様子を見てみようと思いがちですが、結局、陣痛誘発剤を投与したり、帝王切開したりしなければならないケースがあります。たいていの出産は夜から朝ですが、このような状態を確認したら、受け入れ病院に一報を入れておきましょう。ほとんどの動物病院は夜間の受付をしていないので、事前に夜でも難産の受け入れをしている病院を探しておくことが重要です。また、妊娠55日ぐらいで、一度レントゲン撮影して頭数を確認しておいてください。

小型犬の出産は意外に危険が多い

母犬の体が小さくなればなるほど、もちろん赤ちゃんも小さめにはなるのですが、20kgの母犬に500gの赤ちゃん、対して3kgの母犬に200gの赤ちゃん、どちらの母犬の負担が大きいかは明白でしょう。もちろん、**3kgに200gの赤ちゃんを抱えたイヌのほう**

イヌは安産の象徴だが……

日本に昔からいる中型以上の体格のイヌは、ほとんどの場合安産ですが、洋犬のような小型犬は危険な出産になるケースもあります

事前に動物病院で頭数を確認する

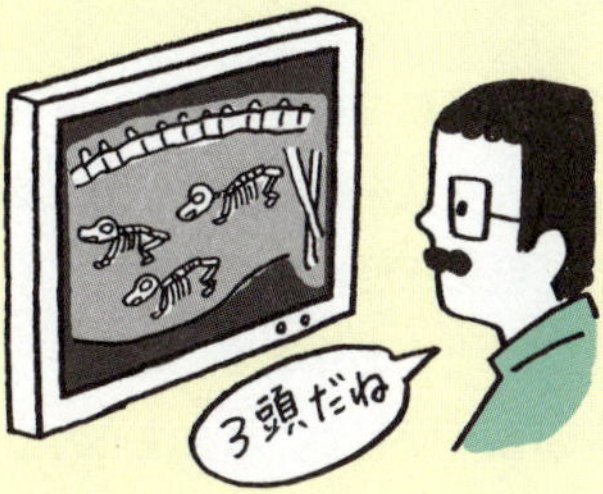

出産させる場合は、妊娠55日ぐらいで一度レントゲンを撮って頭数を確認します。数を知っておかないと、何頭生まれたら終了なのかがわからないからです。最後の赤ちゃんだけ、長時間遅れるケースもあります

破水しているのに出産が進む気配がないのは危険

破水は始まっているのに、そこからなかなか進展がないときがあります。そんなときは獣医へ連絡してください。体内で赤ちゃんが衰弱しているかもしれず、危険です。陣痛誘発剤の投与や、帝王切開が必要なこともあります

が負担は大きくなります。

特に華奢な小型犬では、赤ちゃんが産道に引っかかってしまう場合があり、帝王切開になることがめずらしくありません。そんなとき獣医がどうするか、参考までに紹介しましょう。

イヌの赤ちゃんが頭やお尻がつかめるくらいにでてきている場合は、獣医が手で引っ張りだします。羊膜《ようまく》に包まれていますが、つかみにくいならやぶります（途中でやぶれている場合もあります）。無理に引っ張ると赤ちゃんがちぎれることもあると聞きますが、幸い私はまだそうなったことはありません。

きわめて危険な処置なのですが、どちらにせよ出かかった状態というのは、血液の流れが胎盤循環から肺循環に切り替わる瞬間です。つまり、ここで迷っていてもそのまま窒息死するだけなので、なんとかするしかないのです。以前、病院に駆け込む時間もなくこのような緊急事態になってしまった飼い主さんがいましたが、そのときは電話口で指示して引っ張りだしてもらいました。幸いうまくいきましたが、なるべくそこまで切羽詰まる前に病院に向かいましょう。

イヌの赤ちゃんがでてきたら、手早く羊膜をはがします。産道で押しつぶされた肺は、ここで初めての空気を吸い込み、鳴き始めるはずです。もたつくと、窒息して仮死状態になり、再度羊水を吸い込んでしまって気管が水浸しのことがあります。こういった場合は、イヌの赤ちゃんをぶんぶん振り回して、水を遠心力で追いだしたりします。やわらかいので頭が飛んでいかないように支えながら、鍬で畑を耕すように上から下へ振り下ろすのです。

呼吸を確認したら、へその緒をお腹から1cmぐらいのところで、家庭にあるふつうの木綿糸で縛ります。結び目からさらに1cmぐらいを残して、緒はハサミで切ります。体はやわらかいタオルで軽くぬぐってから母犬になめさせるか、人肌温度の産湯でゆすいでふきます。

ほとんどの母犬は自分の赤ちゃんをなめつつ授乳しますが、たまに赤ちゃんを放置したり、へたをすると噛み殺したりすることもあります。このような場合は、出産後の作業をほとんど獣医や飼い主が代行するしかありません。ただし、初乳だけは母犬をはがいじめにしてでも無理やり吸わせます。そのあとは大変ですが、人間の手で育てるしかありません。保温しながらこまめな授乳と排泄をさせていきますが、衰弱死することも多いです。

予定された数の出産が終わり、母子ともに落ち着いているようであれば、ひと安心です。胎盤はあとからでてきますが、母犬はこれを食べて下痢をしやすいので回収してしまいます。

小型犬の出産は要注意

母犬の体重が10倍違っても、子犬の体重はそこまで違いません。小型犬の場合は、母犬に比べて相対的に赤ちゃんが大きいので負担がかかります。小型犬の場合は、赤ちゃんが産道に引っかかってしまうこともあります

正しく知っていますか？ イヌの去勢手術と避妊手術
―歳をとってからの健康を考えるならするべき

飼っているイヌの繁殖を考えていないのであれば、オスの「去勢手術」（睾丸摘出）やメスの「避妊手術」（卵巣と子宮摘出）はなるべくしたほうがよいでしょう。右ページに去勢と避妊の一般的なメリットとデメリットをまとめました。結論からいうと、メリットのほうがデメリットより多く、それゆえに獣医は**基本的に手術をおすすめします**。しかし、「手術なんてかわいそう！」という飼い主さんがけっこういます。気持ちはわかるのですが、後日、重大な疾患を抱えてしまいもっと危険な手術をせざるをえなくなるとしたら、どちらがかわいそうか考えてください。

もちろん全部のイヌがそのような病気になるわけではありませんが、メスは特に外部から見えない病気が多いものです。なにかトラブルがあるたびに「う～ん、この子、避妊手術していないんだよな。蓄膿などがあるかもしれないな……」と毎回疑うことになります。そして発見が遅れれば、当然危険度も上がります。

去勢手術や避妊手術は、麻酔で寝ている間に行われ、麻酔から覚めたあとでも、通常はあまり痛がらないものです。「かわいそうだから……」という主張は、ちょっと的外れではないでしょうか。

「この子は運命の授かりものだから、あえて健康体にメスを入れたくない」と考える人もいます。病気の危険を十分に理解したうえで、あえてそのままを選ぶわけです。手術は強制ではありませんから、そこまで考えてのことであればなにもいいません。ただし、「病気になったときに泣き崩れたり後悔したりするのはナシでお願いします」と注文をつけています。

去勢手術、避妊手術のメリット／デメリット

去勢手術

メリット

- マウンティングやマーキング、攻撃性を減少させる
- 男性ホルモンが多すぎることによる病気（前立腺肥大、会陰ヘルニア、肛門周囲腺腫など）の発生率を下げる

デメリット

- 子どもがつくれない
- 太りやすくなる

避妊手術

メリット

- 子宮・卵巣に起因する病気（卵巣腫瘍、子宮蓄膿症）がなくなる
- 乳腺腫瘍の発生率を下げる
- 発情時のめんどうな世話から解放される

デメリット

- 子どもがつくれない
- 太りやすくなる
- まれに失禁癖がでる

停留睾丸とは？

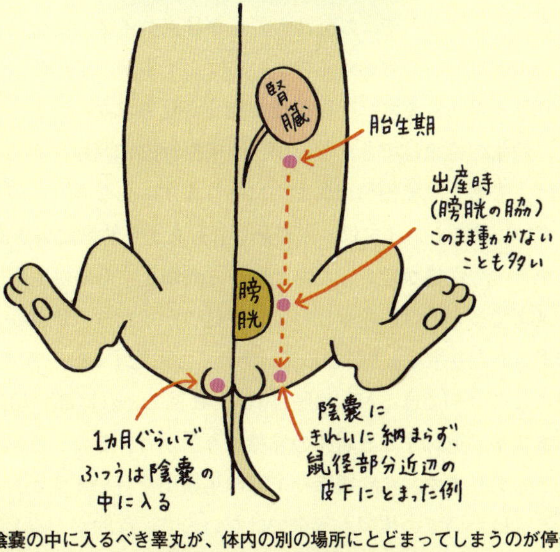

本来は陰嚢の中に入るべき睾丸が、体内の別の場所にとどまってしまうのが停留睾丸。さまざまなトラブルの原因なので、早期に手術すべきです

✹体に異常がある場合は強くすすめることもある

もとからなにかしらの異常をもっている場合は、このかぎりではありません。早めの去勢・避妊手術を強くすすめることがあります。オスでよくあるのが「停留睾丸《ていりゅうこうがん》」です。本来、睾丸は生まれたばかりのころは体内にあり、それが1カ月ぐらいの間に下りてきて、鼠径部《そけいぶ》をくぐって袋の中に納まります。ところが、睾丸が途中で引っかかり、移動がとまってしまうことがあるのです。

本来であれば外部にぶらぶらして涼しい環境にあるはずが、体温で温められたままでいると、数年経つうちに腫瘍化します。がん細胞の種類にもよりますが、転移、ホルモンの異常分泌、骨髄機能の低下などが発生し、その後の症状によっては命を奪う可能性も十分にあります。睾丸がきちんと袋に降りていない場合(片方でも)は、放置せず早期に手術を受けましょう。

また、オスならではの気性の荒さが目立つイヌの場合、正攻法でがんばってしつけをするのがいちばんですが、早めの去勢もかなり効果があります。手術前後で変化が見られないこともあるので、効果の約束はできませんが、性格や行動に問題があるイヌならば、去勢を試す価値はおおいにあります。ちなみに、何年も経っていい歳をしたイヌは、去勢をしてもあまり効果はありません。歳をとって性格が定着したあとから方向修正するのは困難です。

メスで多いのは、乳腺にしこりが見つかったり、陰部から膿が排出されたりするようになって、あわてて来院するケースです。乳腺にしこりができる「乳腺腫瘍《にゅうせんしゅよう》」は、初期であれば部分切除ですみますが、進行すると周囲の乳腺にも広がり、そのうち転移することもあります。乳腺切除や子宮卵巣摘出を行いますが、こういうときはたいてい体調も万全ではないので、危険がどうしても大きくなります。膿をためすぎて体内で子宮が破裂することもあり、こうなるとショック状態に陥って死亡率がグッと高くなります。

乳腺腫瘍は発情時のホルモン刺激によって発生しやすくなるので、健康・体力面からいってもこれらの手術は、若くて生命力にあふれている時期にやってしまうべきでしょう。

先手を打つことで、中高年以降のリスクが大幅に減らせるのですから、手術を迷っている人は、かかりつけの獣医に相談することをおすすめします。できるだけ正しい知識を身につけ、説明に納得がいったら、イヌの幸せを第一に考える選択肢を選んでもらいたいと思います。

乳腺腫瘍とは？

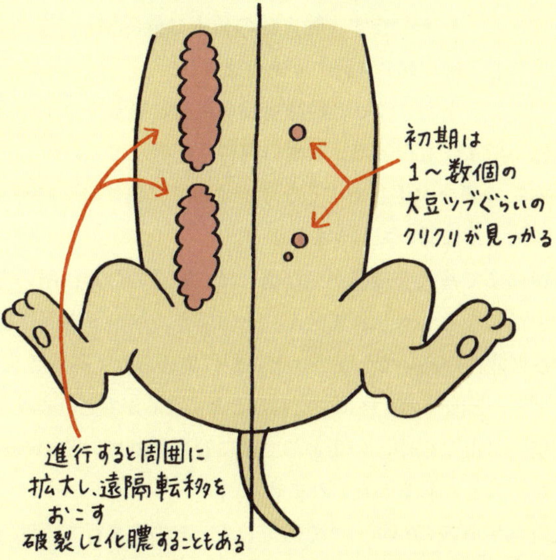
初期は
1～数個の
大豆ツブぐらいの
クリクリが見つかる
進行すると周囲に
拡大し、遠隔転移を
おこす
破裂して化膿することもある

メスに多く見られる乳腺腫瘍は、進行すると乳腺以外の場所に広がり、転移することも。見つけたときは体力がある若いうちに手術したいものです

大地震発生！
そのとき愛犬をどうする？
—イヌにはかならず飼い主の連絡先を取りつける

日本は古来より、地震や噴火など大規模な自然災害に悩まされてきました。遠くない将来、都市部に大型地震がくると予想されており、備えなければいけないのは人だけでなくいっしょにいるペットも同じです。最低でもライフラインが復旧するまでの数日間は無補給で暮らせるように、日ごろから準備しておきましょう。

水は人と共用できますが、ドッグフードや常用薬の余裕は常にみておきましょう。一週間分ぐらいは残っている間に補充しておきます。非常用飲用水は、ふだんから使っている水道水に似た組成の軟水にしておきます。輸入品の硬水は飲み慣れていないと、人もイヌも下痢を起こす恐れがあります。

災害時に、かかりつけの動物病院が正常に運営されている可能性は低いです。もらっている薬の内容を把握しておけば、どこか別の病院で薬を入手しやすくなりますので、**具体的な薬剤名や用量**も獣医さんに聞いておきましょう。

家屋にまで甚大な被害がでた場合は、安全のため、飼い主が避難所生活になるかもしれません。その場合、ペットの同伴は制限される可能性が高いでしょう。どこかに集められて隔離されるか、ボランティア団体の支援にゆだねることになるかもしれません。最悪の場合は混乱の中、いまどこで誰に管理されているのかわからなくなることもあるかもしれません。

災害発生直後にパニックで逃走して、そのまま行方不明ということもありえますので、首輪には連絡先の刻印されたがんじょうな名札をつけておきましょう。

災害時に備えて用意しておきたいもの

ふだんから使っている
水道水に似た
組成の軟水

食べ慣れている
ドッグフード

ふだんから
使用している常備薬

災害時はいっしょにいられないことも

飼いイヌにはかならず、連絡先を書いた首輪かマイクロチップをつけておきましょう。災害で身元不明なイヌやネコは、ボランティアによって里親が探されることもあります。ちなみに、火事場泥棒によるイヌやネコの捕獲、盗難が横行するケースもあるようです

✹マイクロチップを埋め込んでしまう方法がおすすめ

先進国の中ではかなり遅れていますが、日本でも近年ようやく識別用マイクロチップの埋め込み施術が一般化してきています。背中の皮膚の下に米粒ぐらいの発信機を注射針で挿入しておくことで、読み取り機をかざすとID番号が表示されるしかけです。管理機関へ照合すると飼い主の情報が引きだせるようになっているので、身ひとつで野良イヌ同然に捕獲された場合でも、**飼い主のもとへ返せる可能性がぐっと上がります**。

残念ながら、保健所などへの読み取り機の配備や、担当部署の理解などがまだ不十分なので、絶対の信頼というにはまだ心もとないのですが、なんらかの衝撃で首輪が取れてしまい飼い主がわからなくなってしまう、というような事故を避けられるためおすすめです。現在では、販売している子イヌに全頭標準で施術しているペットショップもあります。今後は、法的強制はなくとも、大部分の飼いイヌがマイクロチップ入りになる時代がくるでしょう。また、取り扱いのある動物病院で頼めば簡単にやってもらえますので、ぜひ相談してみてください。

夏場の災害では、エアコンなどはおそらく望めません。体の弱いイヌなどは、それだけでもかなり危険な状態となります。気温条件にかぎったことではありませんが、現地での生活が困難である場合は、(交通が機能していることが前提ですが)他県の親戚や知人などと事前に約束をしておいて、イヌだけでも早期に疎開させたいものです。

非常時には人同士のネットワークのよし悪しがきわめて重要だと、災害経験者は語っています。特に都会では住民の交流が希薄になりがちですから、ふだんから助け合える関係をつくっておきたいものです。

首輪は切れにくいものを

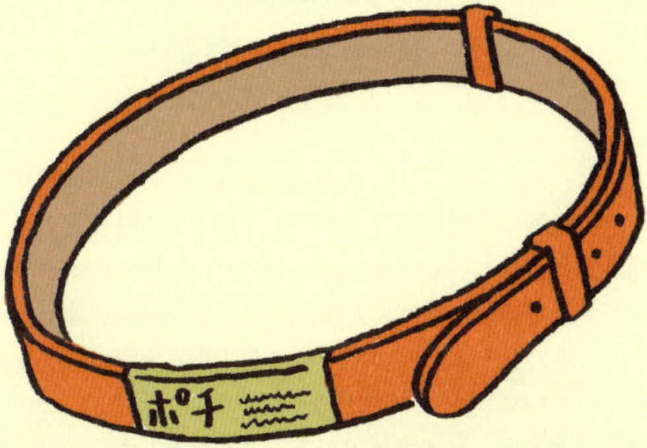

首輪は十分な強度があり、名札はできれば本体に縫いつけられたものを使いましょう。キーホルダー型は、なにかに引っかけて取れることがあります

おすすめはマイクロチップの埋め込み

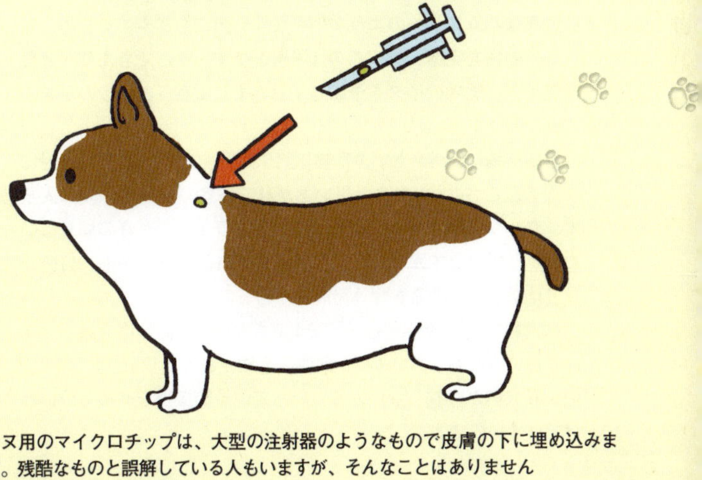

イヌ用のマイクロチップは、大型の注射器のようなもので皮膚の下に埋め込みます。残酷なものと誤解している人もいますが、そんなことはありません

Column

なぜ、狂犬病の注射はいまでも必要？

狂犬病は、1957年のネコでの発症を最後に、日本では根絶されました。狂犬病は、狂犬病ウイルスを原因とする感染症で、すべての哺乳類に感染し、いったん発症すると100％死亡する恐ろしい病気です。そのため、毎年の狂犬病の予防接種が法律で義務づけられているのですが、「いまはもう、日本に狂犬病はないからいいじゃないか」といって、接種しない飼い主もいます。

世界を見渡すと、狂犬病はアジア・アフリカを中心にいまも存在し、毎年55,000人が死亡しているといわれています。人や物の行ききがグローバル化していくなか、このような地域から感染動物が輸入される可能性は十分にありえます。いつ海外から再上陸するかわからないのです。野生動物の多い地方で発生してしまった場合、そのまま国内に分散し、常在化するおそれがあります。

国は、法整備をして出入国時のチェックを厳しくしていますが、狂犬病はハムスターのような小さな哺乳類にも感染するため、すべての動物を完璧に調べるのは不可能です。そこできたるべき日に備えて、国内のイヌを予防しておきましょう、というのが国の方針なのです。

予防接種は、病気という危険に対する保険です。「自分は絶対に事故を起こさない」からと思いあがり、任意の自動車保険に入らず、クルマを好き勝手に運転しているドライバーが身の周りにいたらどう思いますか？　そして、自動車事故も狂犬病も、自分だけではなく他人の命を奪う可能性があるのです。

狂犬病の予防接種をもっと安くできないか、副作用を減らせないかといった点においては、改善の余地があるでしょう。しかし、いま狂犬病が存在しないからといって、予防接種をやめていいわけではないのです。

第2章

イヌを長生きさせる運動

肥満犬を走らせても やせない理由は？

―ダイエットのつもりでやたらに走らせるのはダメ

イヌの散歩の意義は大きく分けて、

❶ 気分のリフレッシュ

❷ 肉体的運動

❸ しつけの機会

の3つがありますが、イヌをやみくもに家の外に連れだせばいいというわけではありません。ここでは1つずつ見ていきましょう。

❶ リフレッシュ

イヌの性格によっては、外が嫌いで立ちすくんでしまったり、失禁してしまったりするほど嫌がる場合があります。人は、先入観にとらわれがちですが、どんなイヌでも「散歩が大好き」ということはないのです。飼い主が無理やり連れだすことで、かえって精神的に病んでしまったり、移動を拒否して踏ん張ったりしているイヌを力任せに引っ張って、のどや足の裏を痛めてしまったケースすらあります。子イヌのころであれば、焦らずに少しずつ外に慣らす練習をしてみましょう。また、大人のイヌになってもなお、散歩を嫌がるのであれば、屋内100％の「お座敷イヌ」として生活させることも考えてみましょう。

逆に、自分の体力を考えず、無限に散歩を続けようとするイヌもいます。このような場合は、グデングデンに疲れ果てる前に帰るようにしましょう。イヌの気持ちだけが先行し、帰り道を歩く体力を失い、飼い主にかつがれて戻ってくるイヌもいます。

高齢のイヌや体の弱いイヌは長い距離を歩かなくとも、家の近

ドッグラン施設で遊ばせよう

安心してイヌを遊ばせられるドッグラン施設は、インターネットで簡単に検索できます。画面は「dog1 DOG RUN」（http://dog1dogrun.marchs.co.jp/）。近所のドッグランを探してみましょう

運動量が必要な狩猟犬＆牧畜犬

代表的な狩猟犬として有名なアイリッシュ・セッター

シェットランド・シープドッグは牧畜犬として有名です

所を丹念に歩き、においを嗅ぎ回ってゆっくりウロウロするだけでも十分でしょう。カートに乗せて、かつてお気に入りだったところまで遠征するのも喜びます。

❷ 運動

飼い主のみなさんに多いのが、「イヌを散歩に連れだして運動させれば(走らせれば)ダイエットできる」という誤解です。イヌは人と違い、持続的に長距離を走ることに適した体になっています。散歩時の運動効果は、「ダイエット」ではなく、体がなまらないように「エクササイズ」をしていると思ってください。とにかく走り回らせればやせるだろうと、むやみにフルパワーで走り回らせると関節疾患やケガのもとになり、そのわりにたいしてカロリーは消費できません。小型の愛玩犬は、軽く歩き回る散歩でこと足ります。

とはいえ、狩猟犬や牧畜犬はかなりの運動量を好みます。狩猟犬や牧畜犬を飼っている場合は、できるなら「ドッグラン」のような場所で、しばらく自由に走り回ってもらいたいところです。しかし、地域によってはあまりそのような施設がないところもあるでしょう。そんなときは、路上をがんばっていっしょに走ってあげるしかありません(飼い主はかなり疲れると思いますが)。個体差がありますが、ふだん家で十分に動けていない大型犬の場合、3km程度を数十分かけて散歩するぐらいがいいでしょう。

❸ しつけ

しつけというのは、「さあ、いまからしつけ教育をやるぞ」と言ってやるものではありません。ふだんの生活の中で、「誰が偉いのか」「やってほめられるのはどういうことか」「怒られるのはなにか」ということを自然に仕込んでいくものです(それでも従わない難物は、それに加えて意図的にしつけの時間を設けていろいろと教育しますが)。

散歩にでると、ほとんどのイヌは思うままの方向にダッシュしようとします。これに飼い主がついていくのでは、行動の主導権がイヌにあることになってしまいます。リードを短くもち、勝手に先行しようとしたときはうしろに引いていましめ、誰がエライのかを教えなくてはいけません。最近はこのようなしつけに向いたチョーク首輪などがペットショップに売っていますので、うまく活用するといいでしょう。理想は、飼い主の脇をですぎず下がりすぎず、トコトコと並走するようなイメージです。

しつけに有効なチョーク首輪

撮影協力：ハッピーラブズ
(http://www.happylabs.jp/)

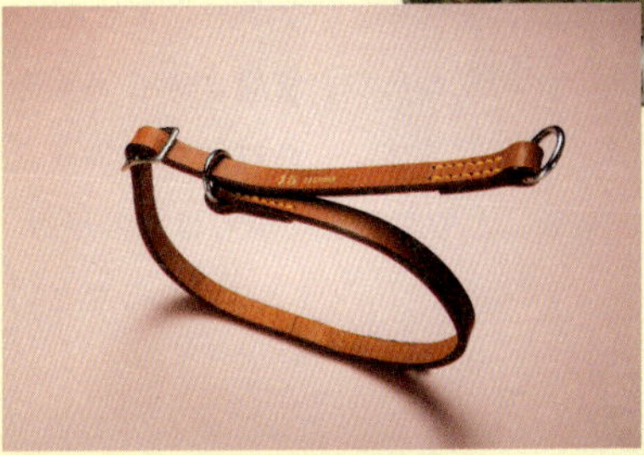

「チョーク」といわれるしつけ用の首輪。イヌが暴走しようとしたとき、飼い主が瞬間的に引っ張ると、一瞬イヌの首が絞まる仕かけ。「暴走してはだめ！」というサインを与えるものです。写真は革製ですが、より強力な鎖のものもあります

イヌの散歩時に起きるトラブル❶
―肉球のケガ、ねんざ・関節炎、首輪のトラブル

前述しましたが、きちんとしつけをされたイヌは、非常に上品に散歩ができるはずです。しかし現実には、犬ゾリ隊のように突進していくイヌが多数です。これに起因するトラブルで来院するイヌは、あとを絶ちません。

肉球（パッド）の損傷

イヌが全力で前へ進もうとすると、足の裏と地面の間、体の各関節、首と首輪の間に、大きな摩擦と荷重が発生します。特に屋内犬は、ふだんあまり「肉球」（パッド）が刺激を受けていないのでやわらかく、アスファルトとの強い摩擦であっという間にすりむけてしまいます。

散歩中は気がつきませんが、散歩から戻ってふとイヌの足を見ると、黒い角質で覆われているはずの肉球に、その下の皮下組織から血がにじんでいることもあります。肉球は常に地面に接している部位なので、一度ケガをしてしまうとなかなか治りません。

肉球そのものではなく、指の股のやわらかい皮膚が赤く炎症を起こす「趾間炎《しかんえん》」も、同時によく起こります。これは散歩の負荷だけが原因ではありませんが、本来、土や草の上を歩くはずの足は、**コンクリートやアスファルトでの強い摩擦には向かない**ものだということを覚えておいてください。

関節炎やねんざ

関節炎は、特定の部位にかならず起きるわけではなく、また運

パッド（肉球）のケガに注意

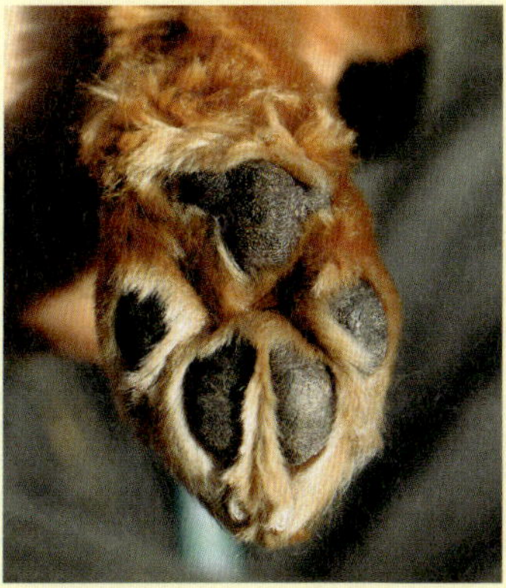

パッドはとても強いのですが、度を越して強い摩擦力がかかると、赤くすりむけることもあります

関節炎に注意！

足場が悪いとケガをしやすいので、歩く場所はうまく選んであげましょう

動が原因のすべてではありません。遺伝や免疫異常、感染症でも起こりますが、負荷の高い運動を続けていると、そのせいで股関節や膝、脊椎の関節が変形して痛みが発生することがあります。根本的に完治させる方法はなく、抗炎症薬などによる内科的サポートがおもな治療となります。

瞬間的に強い負荷がかかったときに周囲の靭帯を痛めてしまい、ねんざを起こして足をかばいながら病院にくるイヌもいます。特に荒れた地形を歩くときはうっかり足をひねらないように、人もイヌも注意しましょう。そもそもそんな場所に立ち入らなければOKです。

✺首輪による頚部圧迫・ハーネスのすれ

首輪が頚部の皮膚を強く圧迫し、周りをぐるりと一周するように脱毛や湿疹を起こしていることもあります。特に引っ張るときに力のかかる首の下のダメージは大きく、皮膚が完全にすり切れてしまってベチャベチャに潰瘍《かいよう》化《か》していると、治っても毛は生えてきません。

細い首輪や接触面が粗い首輪によく見られますので、首輪は幅が広く、**皮膚へのあたりもソフトな素材**のものをおすすめします。幅広のハーネスへの交換も有効ですが、本人がさらに心おきなく引っ張りまくる結果を招き、結局ハーネスずれや、足裏・関節疾患を悪化させるときもありますので難しいところです。

どのトラブルも、ひどくなると非常にやっかいですので、早期治療とそれまでの散歩方法の改善が必要です。これらのトラブルを防ぐには唯一、イヌ自身に節度をわきまえてもらい、肉体的に無理のない散歩をするしかありません。重度の損傷を負ったイヌは、長期にわたり「散歩禁止令」をだすことさえあります。好き勝手に走らせてやらないとかわいそうという人もいますが、ケガの果てに運動ができなくなるほうがもっとかわいそうです。うまくそこを加減してやるのが飼い主のつとめでしょう。

首輪による頚部圧迫

いつも引っ張る癖がついてしまったイヌは、要注意です

体を傷つけないハーネスを使おう

細いハーネスは、皮膚とすれたり首などを圧迫しやすいので、接触面積が大きいものがおすすめです

13 イヌの散歩時に起きるトラブル❷
—趾間炎(指の間の感染症)

前述した趾間炎を、少し細かく説明してみましょう。イヌの体には皮脂腺が集まった部位があります。飼っているイヌの肢先や耳を嗅いでみてください。こうばしい「犬臭」がすると思います。指の間のやわらかいところや、耳の内部の皮膚にはにおいのもととなる分泌腺があります。全身にも散在しているのですが、これらと肛門腺というお尻の穴の脇にある臭腺が合わさって、独特のイヌ臭さを醸しだすのです。こういう部位は健常時《けんじょうじ》でもじっとりと湿っていて、いつ炎症に移行してもおかしくない雰囲気をもっています。

そして足は汚れがついて不潔になりやすいうえに、前項で挙げたように傷つきやすい場所です。耳も毛を抜いていないと通気性が悪くなり、炎症が好発します。そのため、皮膚トラブルの多いイヌでまず起きるのは、たいてい趾間炎か外耳炎です。

肉球だけがほどよく接地していればいいのですが、過度の負荷や、荒地を歩くと、ここにどうしても細かい傷ができます。散歩後にイヌはなんだかむずがゆく感じるのでしょう、せっせと肉球をなめ始めます。ただでさえ入り組んでいて蒸れやすいところに、傷と細菌、そして唾液からの水分、これらによって炎症は急速に悪化していきます。一晩中なめまくって、朝にはボンボンに腫れていたなどということもあります。

たまに少しなめる程度ならおそらく無視してかまいませんが、ずっと気にしているなら、治るまでの間の限定的な対策として首の周りに「エリザベスカラー」を巻くこともあります。ただしこれはイヌへのストレスがあるので、できれば使いたくありません。

対策は皮膚に負担をかけないこと

このようなトラブルを避けるためにも、散歩はおだやかに平坦なコースを選ぶようにしてください。家の中で暴れてカーペットや畳の上でスライディングするのも、もちろんだめです。

散歩が終わったら、趾間炎だけのためではなく、全体の皮膚をざっとチェックして、ダニ、ノミ、外傷などの有無を調べておいてください。低い位置ほど観察しにくく、そして実はなにかダメージを負っている可能性が高いので、明るいところでひっくり返して、ヨシヨシしながら見るといいでしょう。

また散歩後は通気をよくして乾燥させ、清潔にして、なめたり引っかいたりさせないようにします。私は、散歩後に殺菌シャンプーで軽く洗ってから家に上げるよう指導していますが、よくあるのが「汚いからぞうきんでゴシゴシふいていた」というケースです。ほかの皮膚と同様、強い摩擦は趾間の皮膚を簡単に傷つけてしまうので、そっと洗ってください。

指の間

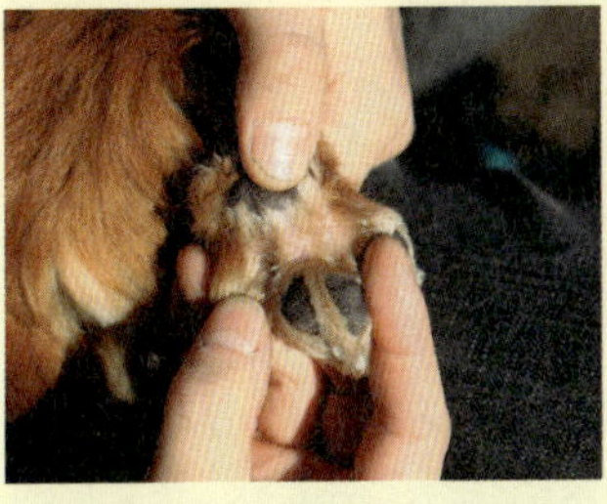

地面に接するため汚れやすく傷つきやすい部分です。通気性もよくありません

耳の穴の周辺

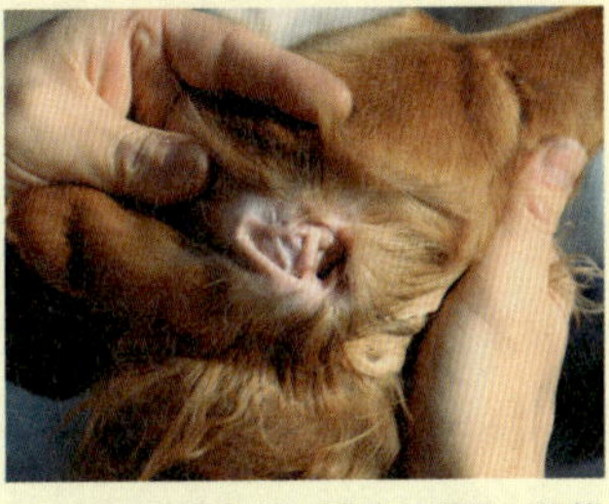

たれ耳だと通気性が悪く、構造が複雑なため汚れもたまりやすいのです

イヌの散歩時に起きるトラブル❸
―交通事故

交通事故はものすごく嫌な症例の1つです。なぜならほとんどの場合、飼い主の落ち度が原因だからです。不可抗力でガンになったとか、歳をとって老衰で死ぬ、というのであればまだあきらめもつきますが、交通事故は人災です。気をつけていれば起きなかったはずのトラブルなのです。

私の経験では半数がノーリード、つまりひもをつけずに散歩していて事故にあっています。車の通りがあまり多くない地域では、けっこうひんぱんにノーリードでの散歩を目撃します。イヌも慣れたもので、飼い主にぴったりくっついていたり、10mぐらい先から、飼い主を繰り返し振り返ったりしながらウロウロ蛇行しています。確かにふだんはそれでいいのかもしれません。しかし、イヌはなにかのはずみで車道にですぎたり、急になにかに向かって走りだしたりします。そしてそんなときに、交通事故は起きます。

私自身、いまのマンションに引っ越した直後、道端でブラッシングしていたシェルティーを車でひきかけました。そのシェルティーは、どうやら道の反対側に猫を見つけたようでした。突如ダッシュして私の車の前に躍りでたのです。ブラシをもったおばあさんは完全に不意を突かれたようで、馬に引きずりまわされるカウボーイのような状態です。路地で徐行していたこともあり、ぎりぎりでとまれましたが、「無惨！　獣医が自宅前で、老婆の愛犬をひき殺す」という週刊誌の記事が、脳裏をよぎりました。

よく飼い主は、「うちの子はおとなしくて賢いからだいじょうぶ」と言いますが、動物ですから突発的な行動は常に起こり得るわけで

伸びるリードは正しく使う!

必要なときだけ伸びるリードは、持ちやすくて確かに便利。しかし使い方には注意が必要です。写真のように自分の存在を知らせるライトつきのものが安全でおすすめです

長いリードの使用による事故

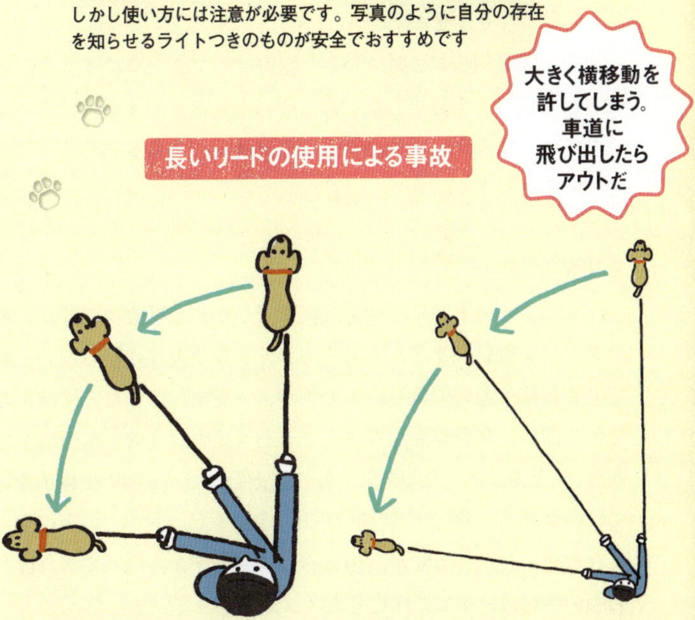
大きく横移動を
許してしまう。
車道に
飛び出したら
アウトだ

リードが長いと、イヌが横に移動したときに制止できません

す。あたり前ですが、その万が一に備えて常にリードは装着し、急な動きにも対応できるようにしておくべきなのです。

事故にあう残りの半分は、リール式の伸びるリードを使用している人です。これは本来、広い公園などでリードを長く伸ばすことによってイヌを走り回らせるためのものですが、これを路上で伸ばす人がいます。遠くまで伸ばした先のイヌが、突如横に移動したらどうなると思いますか？　リードの長さがそのまま長い半径となって、円運動をしてしまいます。結果、やすやすと車道にはみだしてしまい、事故につながるのです。リール式のリードで事故を起こした飼い主のほとんどは、その危険性を意識していませんでした。かならず正しい使用法を知ってから利用するようにしなければなりません。

また、私は過去に2例、わざと幅寄せしてきた車にイヌをひき殺された飼い主を見ました。めったにないことですが、世の中にはさまざまな人がいます。できるだけ縁石のある歩道を歩くことをおすすめします。

事故にあったらとにかく動物病院へ

車にせよオートバイにせよ、直撃でひかれた場合は、即死に近いダメージを負います。もちろんわずかな望みにかけるため、最寄りの病院へ急いでほしいのですが、一見すり傷に見えて油断している間に、具合が悪くなることもあります。以前、夜間に女性から「車とぶつかったが平気そうに見えるので、このまま様子を見ていいか？」との電話が病院にありました。私は念のため来院するようお願いしたのですが、30分後にタクシーから降りてきた彼女の腕の中には、すでに死亡したイヌが抱かれていました。

観察してみると、舌や粘膜が真っ白になっています。車内でだんだん意識が遠のいていったとのことでした。体内の大きな血管が衝撃で破れ、内出血を起こしたのでしょう。場所が特定できない大規模な内出血や内臓破裂は、仮に昼間の事故ですぐに病院で緊急に開腹したとしても、救える可能性は低いものです。この飼い主には「あたりどころが悪かったです」としかいえませんでした。

その一方で、派手にはねられたはずのイヌが、軽い打撲だけですんだこともあります。来院したときは鼻から血を流して意識もあやしかったのですが、結果的には一時的な脳震盪だったようです。しかし、こんな運のいいケースを期待してはいけません。散歩をするときはかならずリードをつけ、伸びるリードは慎重に使ってください。もちろん、車の多い地域の人は特に気をつけてください。そして、不幸にも事故にあってしまった場合、素人判断で決めないで、とにかく病院へ急行してください。

散歩時は絶対にリードをつける

「ウチの子はリードなしでもついてくるのよ」――それはおもしろい性格ですが、命綱なしで外出していい許可証ではありません

軽いケガは飼い主が応急処置できるように！

―運動時の爪折り、目や皮膚の外傷

まず、最初に断っておきますと、応急処置はあくまで応急処置です。病院で本格的な追加治療が必要なことが多いですから、応急処置をしたとしても、そのあとなるべく早く来院してください。先に電話相談でもかまいません。夜間であれば、朝まで待っていいものか迷ったら、夜間病院に電話して判断を仰いでください。以下、よくあるケースを紹介します。

爪が折れた

伸びすぎを見逃していると爪は折れやすくなりますが、ふつうの長さでも激しい運動で折れることはあります。かなり痛いうえに、出血もそれなりにありますので、飼い主もあせってしまいがちです。毛と血でゴワゴワになってよくわからないと思いますが、どの爪が折れたのか確認し、上からガーゼかティッシュをかぶせて手で握りしめます。力加減は強めの握手ぐらいでいいでしょう。2～3分で出血は落ちつくはずです。ほとんどでなくなったら、とりあえずはOKです。また、夜間に爪切りをするのは避けましょう。同じような苦労をすることになります。

皮膚の傷❶（はさみで傷つけたなど）

散歩中にとがったもので皮膚を切ってしまった、毛玉を取ろうとしてはさみで肉を切ってしまった、という相談もひんぱんにあります。軟膏は傷の再生のじゃまになるので、つけないようにしてください。意外と血がでないので、そのままにして時間が経っ

爪が折れたときはどうする?

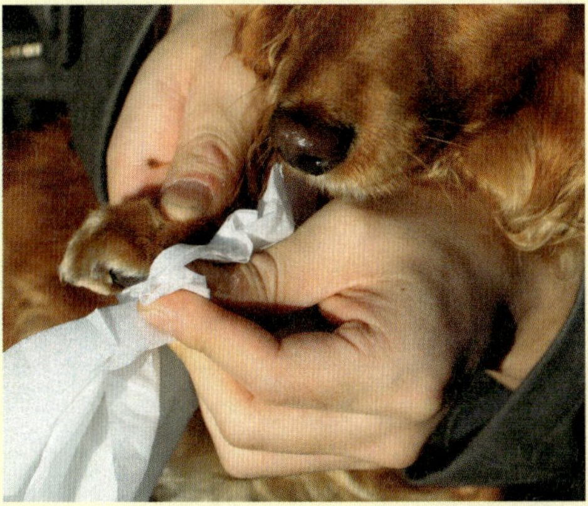

ティッシュかガーゼで爪をしっかり圧迫し、出血が止まるまで根気よく待ちましょう

皮膚の傷❶(はさみで傷つけたなど)

耳の下、脇の下、おしりは毛玉ができやすい場所です。これを取ろうとする飼い主は多いのですが、毛玉取りには、かならずバリカンを使いましょう。はさみで切って、大きく皮膚を傷つけ来院するイヌがたくさんいます

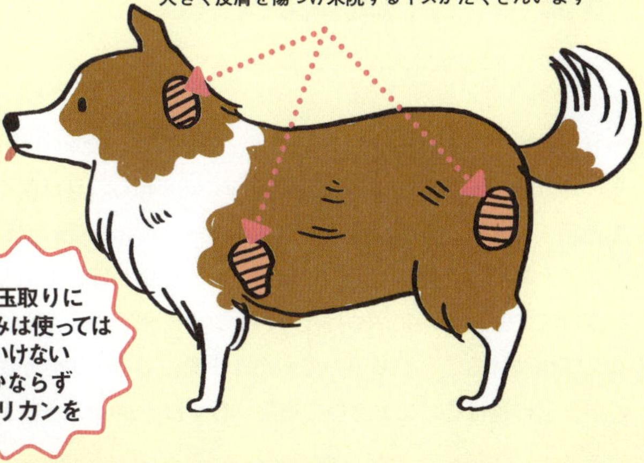

毛玉取りに
はさみは使ってはいけない
かならず
バリカンを

てから来院する人も多いのですが、シャープな切り傷であればすぐにぬうと、早く治ります。マキロンなどの家庭用消毒液をドボドボかけて大きなゴミを流してから、乾燥を防ぐために大きく絆《ばん》創膏《そうこう》などで覆ってから早めに来院してください。乾いたり化膿したりすると、治るまでかなりの期間がかかります。

皮膚の傷❷（ケンカ・かみ傷）

見た目の穴が小さくとも、動物の牙は奥深く侵入して、凶悪な細菌をばらまきます。胴体の傷は筋肉を貫通して内臓に達することも多く、その場合は死の危険があります。一見して被害規模がわからない場合は、夜間でも急患として病院へ行ってください。手足の小さい傷だけであれば、翌朝いちばんでもいいでしょう。

皮膚の傷❸（やけど）

やけどはすぐに水道水で、十分冷やしてください。被毛が熱湯を含んで長い時間停滞すると、予想以上にひどい被害が発生します。面積が広いほど、その後ショックを起こす可能性が高いため、時間を問わず、すぐに病院へ行ってください。

目の傷

目は非常にデリケートな器官です。透明であるという性質上、光の通り道である中心部は血管が通っていません。目は涙や内部を循環する水によって、酸素やエネルギーの供給を受けていますが、ほかの部位と違って潤沢ではなく、一度傷つけると治りの悪い部分です。散歩中にぶつけたり、ケンカで相手の牙があたったりして傷つけることが多いのですが、状況によって対処が異なるので、目の傷はそのまま急いで病院へ行くほうがいいでしょう。

皮膚の傷❷（ケンカ・かみ傷）

{ 化膿の過程 }

直後

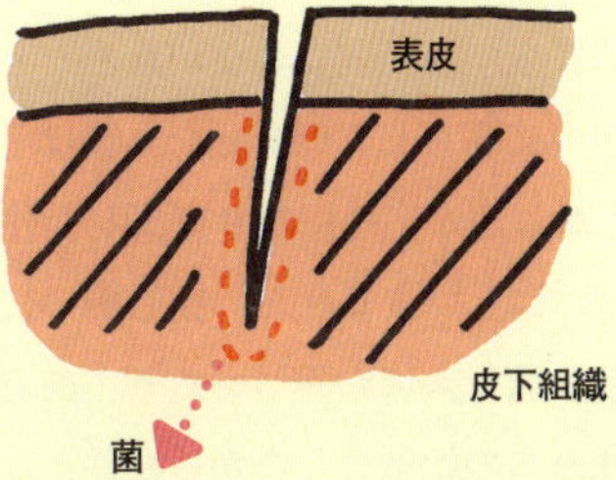

外見上は、細いナイフで刺したようなごく小さい傷に見えますが、奥には口内細菌が大量に付着しています

2〜3日後

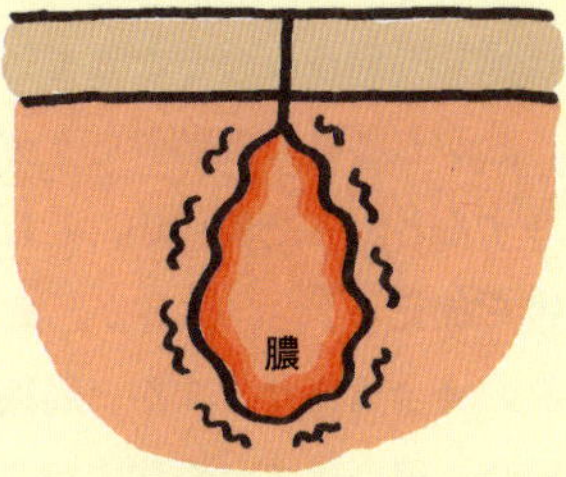

表皮がくっついて、傷は治ったように見えますが、内部は化膿しています

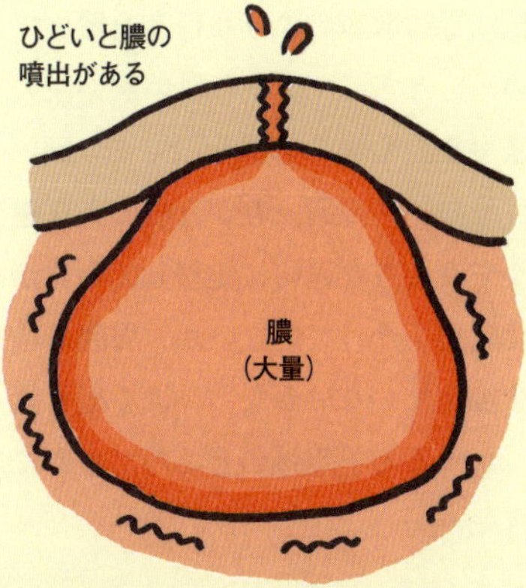

5〜7日後

周囲は盛り上がり、痛みがひどくなります。ここで初めて気がつくことが多いのです。遅れるほど治療は大変になります

悪質な毒物散布に注意！
―拾い食いを止められないイヌには かみつき防止マスクも有効

かつてネコはもちろんイヌも、リードでつながれることなくその辺の田畑を歩き回り、適当に暮らしていました。昔はそれでも問題はなかったのです。しかし畑が宅地になり密集した住宅地になってくると、そういうわけにもいきません。放し飼いにされたイヌが他所の庭を荒らしたり通行人にかみついたり、あるいは無責任な飼い主が散歩中のうんちの始末をしなかったりと、近隣住人間でのトラブルを起こすようになり、現在、ペットは敷地内で管理して飼うものとなりました。

しかし動物に襲われてケガをしたり、逆に動物に危害を加えたりするといった事件が、しばしばニュースになります。動物に危害を加える1つの行為が、毒物散布です。愉快犯による悪質な行為の場合もありますが、周囲に迷惑をかける飼い主や動物がいた場合、追い込まれた住人はこのような過激な手段にでることがあります。

先にいっておきますと、私は毒物散布のような行為を擁護するつもりはありません。とはいえ、ときにマナーの悪い飼い主の行いが、このような残念な出来事を生む場合もあるのです。飼い主のみなさんは、いま一度、自分のイヌの飼い方が近所の人に迷惑をかけていないか、おしっこやうんちを適切に処理しているか・悪臭がでていないか、騒音で迷惑をかけていないか、周囲の物を壊していないか、人に危害を加えていないかなど、よく振り返って注意してみましょう。もしかすると予想外のところで誰かに迷惑をかけているかもしれません。

食べてからでは手遅れなので、対策は予防につきる

毒物はたいていなにか食べ物に混入されていますが、ときにそのまま、まいてあることもあります。私が見たいちばんひどい例は、電柱に付着した粉をなめたイヌが泡を吹いて担ぎ込まれ、その3時間後には治療の甲斐なく死亡したというケースです。血液検査で重度の肝障害が判明しましたが、一般検査で具体的な毒物名や原因が判明することはめったにありません。飼い主は心あた

周囲に迷惑をかける飼い方をしていないか？

1. おしっこやうんちを適切に処理しているか？
2. 悪臭がでていないか？
3. 騒音で迷惑をかけていないか？
4. 周囲の物を壊していないか？
5. 人に危害を加えていないか？

飼い主から見えない場所は危険！

茂みに頭を突っ込んでモグモグしているイヌは多いですが、飼い主にはそこになにがあるのか、イヌがなにをしているのかが見えません。ときに危険なものを口にしていることもあります

りのあった粉を採取しに現場へ行きましたが、水をかけられて洗い流されていたそうです。

このようにかなりあやしい原因が推測できる場合のほか、「草むらでなにかモグモグしていたけどよくわからない」というだけのケース、まったく心あたりがないが、急性で重度の臓器障害が起きているケースもあります。

中毒の症状はまちまちですが、腎臓や肝臓などの内臓障害、意識の異常、嘔吐、下痢、苦しい様で元気がなくなるなどが一般的です。殺鼠剤などでは、異常な出血、肺障害など特徴的な症状を示すものもありますが、間違いなく特定するには毒物を検出する専門の検査センターに血液を送って調べてもらうしかなく、そして現実にそんな時間はありません。

また、特定の解毒剤がある毒物はわずかです。食べてから時間が経っていなければ吐かせることもありますが、すでに中毒症状が現れて病院にきている場合がほとんどで、このタイミングでは吐かせても効果は期待できません。ほとんどの場合は点滴と投薬で、早く体から毒がぬけるよう補助するのが精一杯の治療となります。

イヌの散歩にでるときはリードを短くもち、暗い時刻では強力なライトを使いましょう。イヌの行く先を常に注意し、なにか落ちていても発見しにくい草むらなどは、あまり奥まで入らせないほうがいいでしょう。あまりに拾い食いしやすい性格のイヌでは、かみつき防止マスクをはめて散歩してもらうこともあります。口は半開きにしかならないのですが、呼吸を妨げることがないものをおすすめしています。実際に毒物が置いてあることはまれですが、道端の拾い食いは、食べてしまった段階で死の可能性が大きいきわめて危険な行為です。甘く見ないようによく注意してください。

かみつき防止マスク

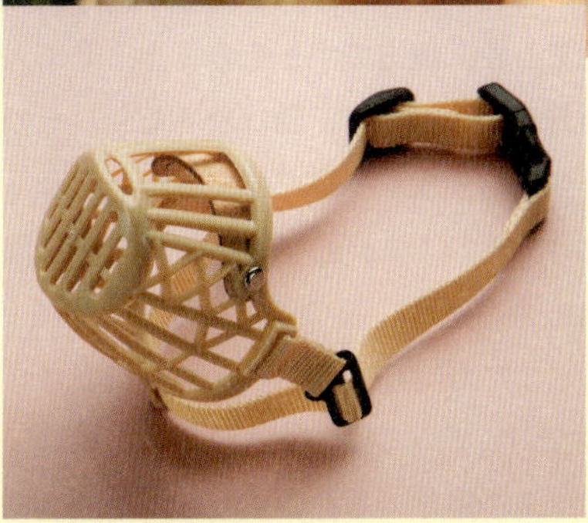

どうしても拾い食いがやめられないイヌには、かみつき防止マスクが有効です。ちょっと不便でかっこ悪いですが、毒物を食べて死なせるよりはずっといいでしょう。1,000円前後で購入できます

17 雷や花火は逃走やパニックの原因に！
―夏の散歩中は要注意

「火事場の馬鹿力」といいますが、動物も極限状態では予想外の能力を発揮します。夏場に多い強烈な雷雨や、近所での花火大会の爆発音などは、神経質なイヌにとって、ものすごいストレスとなるようで、家の中を走り回って家具を壊したり、どこかに衝突してケガをすることがあります。以前、ひどい雷が鳴った夜、サッシに突進して割れたガラスで大きく前肢を切ったイヌが運び込まれてきました。傷口にまかれたタオルは血まみれでしたが、幸い大きな血管は無事で、皮膚をぬうだけですみました。ストーブに突っ込んで転倒し、上に乗っていたヤカンの熱湯を浴びたイヌ、極度の緊張でてんかん発作を起こしたイヌもいます。

動物は緊急時、飼い主が見たこともないような行動をします。低い位置のガラスには泥棒防止用の補強フィルムを貼って飛散を防いだり、火気のある場所は厳重に保護したりして、少しくらいの体あたりで問題が起きないようにしましょう。

屋外飼いのイヌでも、通常では考えられない力で鎖を引きちぎって逃げた例を数件見ました。地方ですとそのまま山野に入り込み、鎖が木の枝や切り株に引っかかって動けなくなり、そのまま餓死という悲惨なケースもあります。都市部でもかなり遠く離れたところで保護されたり、そのまま交通事故などにあい音信不通となったりするケースもあります。鎖の強度は十分余裕をみて、鎖をつなぐ杭も弱くなっていないかときどき確認しておきましょう。鎖がイヌ小屋につながっている場合、連結部から取れてしまう例もありますので、イヌ小屋そのものの強度や、イヌ小屋と地面の連結も確認しておいてください。敷地内に放っているイヌは、かなりの高さの柵を飛び越えて逃走することがあります。いまの柵を高く改造するのは難しいでしょうから、嵐がきそうな日は、事前に玄関などに入れておくようにしましょう。

イヌの性格は、ふだんから観察していればわかります。鈍感なイヌは耳が聞こえていないかのように平然と音を無視しますし、敏感なイヌはたいていふだんから物音に反応しやすく、台所でお皿を落としただけでもすっ飛んできたりします。ふだんの生活で神経質な様子を感じとれたら、大きなプレッシャーが予想されるときにはいっしょにいてあげてください。抱きかかえてヨシヨシするだけでも、イヌは安心します。

なお、台風のあと、逃げたイヌの問い合わせがときどき病院にきますが、この場合の問い合わせ先は、警察と保健所です。ただし管轄外の地区の情報は連携が不十分な可能性もあるので、離れた地域の警察署にも連絡してみましょう。また、このような場合こそマイクロチップが有効なので、施術を検討してみてください。

雷や花火で怖がったら

信頼しているボスにやさしく抱きしめてもらうというのは、不安にかられたイヌにとって非常に安心感があります

コツ❶ 楽な姿勢で
ただし、だんだんイヌの力が抜けてくるので、そのとき体勢が崩れないようにします

コツ❷ 接触面積は広く
イヌとの接触面積はなるべく広いほうが、安心感を与えます

イヌが熱中症にかかってしまったらどうする？
―冷水シャワーをかけて、地肌までしっかり濡らす

イヌは暑さにきわめて弱いと先に述べましたが、ばてるだけならともかく、人と同様に過度の暑さは「熱中症」を起こします。

これは私の経験から述べるのですが、屋外飼いのイヌは、意外に熱中症では来院しません。もちろんイヌ自身は、暑さが相当きついのでしょうが、飲み水が用意されていて、暑いとはいえ空気の流れがある屋外は、ぎりぎり耐えられるレベルなのでしょう。

では、もっとも多い熱中症のケースはなにかというと、「室内や車内にエアコンなしで放置した」というなんとも古典的なパターンです。子供の死亡事故が、さんざんニュースで取りあげられているにもかかわらず、残念ながら同様の事故は起きているのです。

日中の室温上昇は、家の構造や隣接する建物との位置関係によって大きく違います。北側の涼しい廊下などに逃げられればいいのですが、締め切った南向きの部屋であれば40℃近くまで気温が上がることもあるでしょう。温室のように暑くなった部屋に残されたイヌは、あっという間に限界を超えます。車内放置は論外としても、家を留守にするときは室温管理が必須です。過去、イヌがその家でいちばん暑い部屋に入り込んでいるのを見落として外出し、戻ったら死んでいたという悲しい例もあります。

イヌの熱中症症状を見逃さないで！

熱中症にかかると、ひどく荒い口呼吸をし、よだれも見られ、体温と脈拍が上昇します。ひどくなるとショック状態へと移行し、下痢や嘔吐、痙攣、意識レベルの低下、そして呼吸と心拍が停止

します。一定レベルを超えると、手の施しようがありません。

発見したとき、おそらく部屋は猛烈に暑いはずですが、日が傾いて室温はすでに下がりかけているときもあります。初期の熱中症は症状が強烈にでていないこともあり、見逃して時間が経つうちに夕方になり、いよいよ調子を崩すときもあります。もしかしてと思ったら、迷わずかかりつけの動物病院で受診してください。

熱中症は、まず急いで冷却する必要があります。家をでる前に、お風呂などで冷水シャワーをかけて、地肌までしっかり濡らしてください。表面だけ濡らしても意味はありません。水を飲めそうなら飲ませたうえで、すぐに病院へ向かってください。重度の熱中症の場合、ショックから回復できずに死亡することも多く見られます。病院に到着時したときには、すでに死後硬直が始まっている例も多く見ています。

特に住人が留守をしがちな家では発生しやすいので、暑くなってくる6月前後からは、常に意識しておいてください。

熱中症ならまず冷水シャワーをかける

明らかに熱中症だと思われたら、応急処置として風呂場のシャワーで全身を濡らします。それからすぐに動物救急へかけつけてください

初期の熱中症は、はっきりした症状を示さないときがあります。飼い主の帰宅が夕方だと、室温が下がっているので見落としやすいものです

19 散歩中、イヌが草を食べたら？
─除草剤がまかれていることもあるので注意

イヌやネコが草を食べる行動については、診察していてよく相談を受けます。草を食べる理由は、おもに「好きで食べている」場合と「胸焼けを解消するために食べている」場合に分けられます。

まず、好きで食べている場合ですが、本来、肉食獣の胃腸は植物質を消化できません。安全な草を少し食べるだけならいいのですが、本人が強烈に草を食べたがっているのでなければ、与えないほうが無難でしょう。

問題は、胸焼けを解消するために食べている場合です。自然界では獲物として小動物を捕らえて食べているわけですが、毛皮など消化できないものは、胃にたまる可能性があります。一気に嘔吐して排出できればいいのですが、ときにでてこないときもあるのです。そういうときイヌは、消化に悪い草をわざと食べて、胸焼けを増幅させて吐くのです。

しかし、人間に飼われて決まった食餌を与えられているイヌが草を食べるということは、胃炎や胃内異物などなにかトラブルを抱えていて、そのトラブルを解決しようとしているサインである可能性があります。誤食した細かい異物を草といっしょに吐くこともあれば、草だけを繰り返し食べては吐くこともあります。回数が多いとき、もしくは同時に食欲不振や下痢など、ほかに異常な症状があるようなら、病院で早めに検査をする必要があります。胸焼けを起こす病気は意外に多く、ちょっとした胃炎だと思い込んでいるうちに、実はマイナーな重症疾患になっていることもありえますから、油断は禁物です。

　また、草はなにを食べてもよいわけではありません。そのイヌとの相性が悪ければ、毒のない草でも胃腸を痛める可能性があります。毒草とまではいかなくとも、食用に耐えない刺激性のある草もあります。その辺に生えている雑草の品種と安全性をすべて調べるわけにもいきませんから、不用意に道端の草をかじるようなイヌは、草ムラには入れさせないことです。好きで食べるにせよ、問題があって食べるにせよ、食べてはいけない草を自分で判断できるほど、イヌは賢くありません。

　住宅地や市街地だと、除草剤がまかれていることもあります。散歩で通るときは深入りしないようにしてください。除草剤は、まかれた直後はわかりません。しばらくして雑草が枯れてきて、初めて「ああ、なにかまいたのだな」と気がつくわけです。そうなれば飼い主も警戒しますが、その前に食べてしまった場合、中毒を起こすこともあります。死に至るほど大量に草を食べることはめったにないものの、危険な状態に陥ることは確かです。散歩後に急な不調を訴えることがないか、常に注意してください。

目に見えない除草剤はまかれた直後はわからない

除草剤は目には見えないので危険です。特にまかれた直後は、雑草もまだ枯れていないので、まず気がつきません

尿、便のチェックは欠かさずに！
―愛犬の具合がわかる大切な要素

人の医学の歴史でも、「尿」と「便」の検査は昔から注目されていました。高度な検査方法や知識がないころは、外から見てわかる情報だけが頼りです。さまざまな病気によって消化器や泌尿器は影響を受け、排泄物の状態が変化します。それを経験則で分析しながら診断をしてきました。古い西洋の絵画にでてくる医師がもっているフラスコは、患者の尿を採取するためのもので、色やにおい、ときには味（！）で判断をしていたそうです。今日でも尿や便は、味はともかくさまざまな検査の対象となります。尿や便がトラブルを反映することは、時代によって違いはありません。

イヌの場合も人と同様です。**ふだんから尿や便を観察しておけば、わずかな体調の変化をより早く察知**できます。もちろん、すべての変化が病的なものというわけではありません。暑いときに水を十分に摂取できなければ濃い尿がでますし、薬や食べ物によって色やにおいに大きく差がでることもあります。通常の生理的変化の範囲かどうかは、私たち獣医でも即座には判断できません。

しかし、はっきりしない場合は、検査をすることで問題を突きとめられます。飼い主の判断で軽視して、そのままにしないようにしてください。尿や便の変化は、泌尿器や消化器の部分的な問題ではなく、体全体の深刻な問題を反映したシグナルであるかもしれないのです。それゆえに人類の古典医学でも重視されてきたわけですから。

右ページの表によくある異常をまとめてみました。すべてを網羅することはできませんが、動物病院という現場でよく遭遇する

尿のチェックポイント

色が薄い	水を飲みすぎている。腎臓からの尿生成が多い
色が黄色い	水が足りない。黄疸がでている。 ビタミン剤の投与の影響
色が赤い	血尿。血色素尿
色がこげ茶	腎臓から膀胱のどこかで出血していて、 しかも時間がたっている
にごっている	雑菌の繁殖。粉状の尿結石。 炎症によるたんぱく産物が混ざっている
腐敗臭がする	雑菌が繁殖している
少量を ひんぱんにする	膀胱炎を引き起こしている
勢いが弱い	結石や腫瘍で流路がふさがれている

便のチェックポイント

色が薄い	下痢気味で水分が多いと、引き伸ばされて 便が薄く見える。胆汁が十分にでていない
色が茶色い	食べ物の変化
色が黒い	胃～小腸など、消化管の上流で出血がある。 鉄分が豊富な食物を与えた
色が真っ赤	大腸～肛門など、消化管の下流で出血がある
硬すぎる	水分が不足している。 便秘で大腸に長い間とどまっていた
下痢	腸のトラブル全般
時間がかかる	下痢と便秘の両方に見られる。大腸腫瘍の可能性も

トラブルを優先して列記してみました。実際にはほとんどが、「変なものを食べてお腹を壊した」「尿結石または細菌感染で膀胱炎になった」という診断になります。適切な対処をすれば治りますし、深刻な問題には発展しません。

ですが、その「ほとんど」以外の場合は、内臓疾患・腫瘍など、死に直結する重大な疾患の予兆です。何カ月、何年も前からこれらの症状が断続的に見えていたのに、飼い主が放置していたため、やっと来院したときにはひどく進行していたというひどいケースもあります。

●飼い主が尿や便をチェック

イヌに家の中で排泄をさせている場合、観察は比較的簡単でしょう。尿は通常、シートにさせている家が多いと思いますが、色がついているシートだと、わずかな血尿やそのほかの色の異常に気づくのが遅れる可能性があります。見栄えをよくするため、青や緑に着色された製品が多く、しかもそのほうが性能にすぐれた製品が多いのですが、尿疾患の既往歴があるイヌでは、白色のシートを使用することをおすすめします。結石歴があるイヌでは、ときどきでいいので、黒い紙か布をシートの上に載せておき、そこにした尿をよく見ておいてください。結石があれば、細かい塩粒のようなシャリシャリが発見されるはずです。

便は捨てる前によく見てください。下敷きになったシートやティッシュ越しでいいので硬さを確認し、ときには少しつぶして内部の様子も見ましょう。便は時間が経つと乾燥して表面が黒くなり、硬さも増すので注意です。特にトイレシートは水分を奪うため、やわらかい便がふつうの便に見えてしまうことがあるので気をつけてください。

外で排泄をしている場合も同様ですが、尿はすぐ地面に落ちてしまうため確認が困難です。プリンなどの空き容器に割り箸をテープでとめるなどしてつくった、使い捨てのひしゃくで尿を受けると、光にかざしたりして簡単に観察できます。これも毎回は無理でしょうから、月に1回程度でかまいません。もちろんすでに問題を抱えているイヌの場合は、もっとひんぱんに見なくてはいけません。

便の場合、暗い時間に散歩をしている人は、便をもち帰ってから明るいところで確認しましょう。散歩中に便をさせている飼い主は、下痢などで来院しても詳細を把握していないことが多いようです。毎日でなくてもいいので、なるべく見てあげてください。

イヌの尿はどうやって採る?

「おしっこを取ってきてください」……よく獣医から出る指示です。自然尿の採取は飼い主が簡単にできます。病院で行うカテーテル採尿と異なり、イヌに不快感も与えません

Column

人の力で大きく減った「フィラリア」

「フィラリア」は、イヌの心臓にそうめん状の成虫が寄生してしまう病気です。成虫の数が多いと、心臓がうまく動かなくなって急死することもあります。フィラリアに感染しているイヌの体内にいる成虫は、「ミクロフィラリア」と呼ばれる小さな子虫を血液中に放出します。そして、蚊が感染犬の血を吸ったとき、蚊の体内に入り込みます。その蚊が別のイヌを刺したとき、ミクロフィラリアから蚊の体内で、少し成長した「感染幼虫」がイヌの皮下に入り込み、半年ほどかけて成長し、また心臓に寄生するのです。

ひと昔前は、多くのイヌがフィラリアに感染しており、動物病院には息も絶え絶えなイヌが、しょっちゅう担ぎ込まれていました。フィラリアに感染したイヌが担ぎ込まれてくると、獣医は、危篤状態のイヌの頚静脈から細長い鉗子を入れ、直接心臓の虫を釣りだす手術をすることもあります。この手術は手探りの作業で、慣れが必要な危険なものでした。

しかし、成虫の大部分を手早くじょうずに取りだせると、それまで聞こえていたフィラリア感染犬特有の「心雑音」がスパッと消え、心臓の機能が正常に戻り、体力さえもてば回復します。

最近は、下水の整備で蚊の発生は大幅に減り、同時にフィラリアにかかるイヌも減りました。また、稲作などの多い地域であっても、その地域のイヌがフィラリアの予防接種をしていれば、フィラリアをもった蚊はほとんど発生しないので、蚊がいても流行しないのです。実際、ここ数年は、フィラリアで危篤状態のイヌには、ほとんど出会いません。

人の力のおよばない死病は数多くありますが、**フィラリアは予防できる病気**です。飲み薬だけでなく、つけ薬もありますので、かかりつけの獣医と相談し、きちんと予防してあげてください。

第3章

イヌを長生きさせる食生活

イヌにおやつはいらない！
―ほしがるままに与え続けていると大きなトラブルに

本来、「おやつ」という概念は、人以外にはありません。人以外の生き物は、お腹がすいたら必要なだけ食物を食べるだけです。ところがイヌは人に飼われるようになり、現在では使役動物ではなく、愛玩動物として扱われています。そして、愛玩動物化したイヌは、食生活の乱れを無視できなくなってきています。

動物が健康でおやつの量も許容範囲内であり、問題行動も起こしていなければ、獣医は別にあまりうるさいことをいいません。しかし飼い主のおやつのあげすぎが原因で、イヌの体に問題が発生している場合は、断固制限するよう指導します。特に以下の2つの理由で、飼いイヌに必要以上のおやつをあげている飼い主が多く見られます。

❶おやつを留守番やしつけなどのごほうびとして与えている

イヌ社会での上下関係は、食べ物によってつくられるものではありません。ボスである飼い主が「ヨシヨシ」となでて抱きしめてあげるだけでもイヌは十分幸せであり、使命を遂行した満足感を得られます。食べ物でいうことをきかせる方法は、しつけのきっかけに使うならともかく、ずっとそのままでは、いつか愛想をつかされます。人間でいえば、「孫の歓心をおこずかいで買うおじいちゃん、おばあちゃん」、もしくは「援助交際」と同等です。ボスと部下は、ものに頼らない厚い信頼で結ばれていなければなりません。どうしてもおやつに頼らなければいけない場合は、最低限に抑えるように意識してください。

❷ おやつをほしがるし、かわいいので、ついあげてしまう

来院するたびに「健康とダイエット」の話をしているのに、一向にやせないペットがたくさんいます。飼い主に尋ねると、飼い主や家族がどうしても欲求に勝てず、イヌにおやつを与えてしまうとのこと。口をそろえて「ほしがっているのにあげないなんてかわいそうで……」といいますが、食べすぎて体を壊すほうがもっとかわいそうです。イヌは栄養価にすぐれたドッグフードをもらえていれば、それで十分幸せな部類に入るのです。

しかし理屈で説明しても、どうしても聞き入れてくれない人がいます。残酷な表現ですが、心を病んでいる人がペットにおやつを与えることで心の安定を保てるのであれば、そのイヌは飼い主の心の隙間を埋めるものとしての役割を十分に果たしているのかもしれません。いずれ早期に生活習慣病のたぐいになることを警告しますが、こういう飼い主が相手の場合、改善しないことが多いのが現状です。

イヌのいいなりではありませんか？

イヌの望むままに、飼い主がおいしい高カロリーの食べ物を与えるばかりの愛情表現は、結局イヌを不幸にしてしまいます

✹度を越しておやつを与え続けるとどうなるか……

・主食を食べなくなって栄養が偏り、肥満と病気の原因に

おやつは一般に栄養バランスを無視して、とにかくおいしくなるように開発されています。イヌの中には、一度極上の味を覚えてしまうと、二度とふつうのドッグフードを食べなくなるものもいます。中高年以降、内臓のどこかを患って処方食を食べなくてはいけなくなったときも例外ではありません。へたをすると、死に直結する問題に発展します。病的な肥満状態にあるイヌも、おやつ食べ放題である場合がほとんどです。

・添加物が多いため、肝臓障害やアレルギーの引き金になる

乾燥した保存食であるドライドッグフードや、加熱滅菌された缶詰と違い、おやつや半生ドッグフードは、ソフトな食感がウリの製品もあります。しかしこれらは、着色料や保存料など人工的な物質が山盛りになっていると考えてください。健康に配慮して添加物を抑えたと称する商品もありますが、人の食べ物でさえ偽装が堂々とまかり通る世の中です。なにが入っているか見た目ではわからない以上、食べずにすむならそれが一番よいのです。

・消化不良の原因となる

胃腸が弱いイヌだと、丸飲みしたジャーキーやガムがなかなか消化されずに、腸に詰まってしまうことがあります。もちろん最終的には溶けるのですが、その前に腸を激しく損傷してしまい、壊死することもあります。

特に、食べ物由来でなにか既往歴があるイヌには、十分な注意が必要です。とかく人間の食い道楽の考え方を動物にあてはめがちですが、この世にもっとおいしい食べ物があることを教えなければいいだけです。いろいろな物を食べる楽しみを得れば、同時にさまざまな病因をも取り込むということを理解してください。

おやつを与えすぎることによる問題

肥満

肥満犬をやせさせようと運動を課すのは、かえって関節を痛めます。食べ物のコントロールが先です

アレルギーの原因

肥満犬の多くは、飼い主の食べ物を分けてもらっています。肥満による皮膚抵抗力の低下のほか、アレルギーの可能性も増えます

消化不良

口は喜んで食べても、胃腸がそれを受けつけるとはかぎりません

高価な食餌を好むことは、自慢できることではありません。そのことを誇らしげに語る人がいますが、あなたのイヌは海原雄山ではありません。過去に、「高級霜降り和牛」（100g当たり1,500円）しか食べなくなったイヌがいました。でも、その飼い主はそれを誇らしげに語っていました……

危ないドッグフードの見分け方とは？
―安すぎるものにはかならずワケがある

ドッグフード売り場に行くと、一見似たように見えるドッグフードの値段の差にびっくりするかもしれません。いったいなにが違うのでしょうか？　まずドッグフードは、普及品の「**レギュラーフード**」と、上級品の「**プレミアムフード**」に大別されます。プレミアムフードとは「AAFCO」(Association of American Feed Control Officials：米国飼料検査官協会)の栄養基準をクリアしたものを指すことが多いのですが、厳密に定義されてはいません。プレミアムフードは、品質を重視しているタイプのドッグフード全体をおおざっぱに分類していると思ったほうがいいでしょう。

少し前まで、国内の低価格ドッグフードの成分は「しょせん家畜のエサ」という認識ゆえか、海外のドッグフードに劣っていました。特にヨーロッパでは、古くからイヌの品種改良が盛んになされ、栄養管理の研究もされていたのでしょう。高価ながらもドッグフードの品質は、輸入製品のほうがすぐれていました。しかしそのような状況を打破すべく、近年では普及クラスの製品であっても、動物栄養学にもとづいた、きちんとした成分構成になってきました。原材料の表示や栄養素割合を比べてみても、あまり差を感じないように思います。

あまりに安いドッグフードにはかならずワケがある

では、ドッグフードはどれを選んでも変わりはないのでしょうか？　**それは違います**。人の食べ物でも見えないところで差があるように、ドッグフードにも差はあります。ドッグフードメーカーは材料の原価をなるべく抑えたいため、小麦粉、肉、トウモロコシ、油脂などを、安価に輸入して使用しています。人用としては不適格なものを使用することが多く、なかには相当に粗悪な原料を使う場合もあります。

たとえば「4Dミート」という人用不可の最低ランクの肉や、屠場で廃棄されるはずの肉副産物（骨、内臓、便が入ったままの腸など）も、表記上は肉扱いとなります。品質に問題があって本来は廃棄しなくてはいけないような原料も、ブローカーによって安く買い取られて供給されたりします。これら原材料の安全性や信頼性は、プレミアムフードだからといって盲信できるものではありません。

とはいえ、ブランドイメージを背負って販売される高価な商品では比較的、粗悪な原料を使っている可能性が低いのではないかと想像できます。もちろんあやしげな材料を使用しているドッグフードメーカーが、みずから明かすわけがありません。明確に「人

ペットフードの必須記載項目を確認しよう

1. ドッグフードまたはキャットフードである旨
2. ペットフードの目的
3. 内容量
4. 給与方式
5. 賞味期限または製造年月
6. 成分
7. 原材料名
8. 原産国名
9. 事業者名または名称及び住所

参考：ペットフードハンドブック（ペットフード工業会）

まずは、左記の項目がきちんと記載されているか確認。また、「『AAFCO』（米国飼料検査官協会）の成犬用給与基準をクリア」と書かれていれば、まず安心でしょう。この表示がされている商品の中から、イヌが好んで食べるものを与えてください。なお、AAFCOは「栄養基準の指針を提供する団体」で、「認定」や「承認」といった「ペットフードの合否判定」を行うことはありません。ですから「AAFCO合格」「AAFCO承認」といった表示がされている商品は不当表示となり、信頼できません

が食べられる品質の肉」を使用していると宣言している場合を除き、程度の差はあれど、あまり上等の素材は使用していないと思ったほうがよいでしょう。

人の食品と違って、ドッグフードは法律の規制がゆるく、各種の添加物は事実上、野放しになっています。あまりにひどいものは苦情が寄せられるなどして改善されているはずですが、悪影響がはっきり確認できない製品はそのままです。抗生物質や農薬、保存料、発色剤、香料など、発がん性や内臓に害を与える毒性をもつ材料の使用などが疑われるものや、アレルギーのもとになるアレルゲン物質がふつうに使われているケースも見られます。

プレミアムフードの一部には、このような添加物を使用していないことをウリにしているものもあるので、**食べ物に反応して体調を崩している疑いがあるイヌは、ドッグフードを変更**してみてもいいでしょう。ただし、イヌが好まない、下痢しやすいなどの不安定さを押し切ってまで、「飼い主が考える最高のドッグフード」を押しつける必要はありません。

余裕がある飼い主は自分で作るのも手

動物病院に来院される方から、「100％安全なおすすめドッグフードはないのか？」とよく聞かれます。しかし残念ながら、そういうドッグフードはありません。人の外食産業や加工食品でも、毒物混入や食中毒、表記偽造が横行しています。2007年には中国から米国へ出荷された植物原料に、有毒な窒素化合物や殺鼠剤が混入していました。困ったことにこれは、下請け飼料メーカーに納入されたあと、一流メーカー各社に卸されたのです。結果、皮肉にもプレミアムフードを食べさせていたはずのイヌ・ネコが数千頭も死亡するという大惨事になりました。

日本へ輸出されていた製品も該当し、リコールが大量にかかりましたので、覚えている方も多いと思います。大規模な訴訟が起きているはずですが、日本ではほとんど報道されていません。絶対に安全といえるドッグフードを食べさせたい人は、次項で述べる手づくりドッグフードにするしかないでしょう。

しかしこのような事例を除き、プレミアムフードはレギュラーフードを品質面で上回ります。値段だけの価値があると思うかどうかは人それぞれですが、少しでも安全ですぐれたドッグフードを、と考えるなら、プレミアムフードの中から選んだほうがよいでしょう。

見かけにだまされないように！

ディスカウントストアやペットショップには、さまざまなドッグフードが並んでいます。かわいい写真や華やかな見かけに惑わされないようにチェックしましょう

23 飼い主がつくるドッグフード
―野菜を与える場合は必ずミキサーで粉々に

人という生き物は食の喜びを大事にするようで、実にいろいろなものを食べます。その食い道楽精神を飼っているペットに適用したり、愛情表現の一端として、あるいは安全な食品を目指した到達点として、手づくりのドッグフードを与えたりしている人をときどき見かけます。本などにも手づくりドッグフードのレシピが掲載されることがあり、試してみた人もいることでしょう。

しかし手づくりドッグフードはよく注意してつくらないと、かえってお腹を壊したり、栄養の偏りを生んだりする可能性があります。まじめに取り組むとかなり手間がかかるので、獣医としてはあえて手づくりにしなくてはいけない理由、たとえばアレルゲンの回避などがないかぎりは、一般に販売されているドッグフードでいいと考えています。

イヌに野菜を与えるときはかならず砕いてから

人は雑食性ですがイヌは肉食獣の末裔ですので、動物性タンパク質がおもな材料となります。また野生では、獲物の腸を丸ごと食べることで、その中にある消化された植物栄養素を吸収しているとされています。確かに、野菜のような植物性の材料は必要なのですが、肉食獣は自力でそのままの野菜を消化できないので、**前もってミキサーで粉砕するなどの加工**が必要です。野菜類はしっかりとつぶすようにしてください。見た目がグチャグチャで、人の目から見るとまったくおいしくなさそうですが、必要な栄養素を吸収しやすくするにはこのほうがいいのです。

手づくりドッグフードは人の感覚でつくらない

素材（特に野菜）の原型が残っているものは、見た目はきれいですが、消化にはよくありません。人の美的感覚でつくらないようにしてください

野菜は家庭用ミキサーなどで砕く

ミキサーで原形をとどめないようにします。写真はパナソニックのファイバーミキサー「MX-X108」。実勢価格は15,000円前後です
写真協力：パナソニック

また、「加熱すると栄養素が壊れてしまうので生肉を与えるとよい」とする説も見かけます。確かに野生では、獲物は生です。お腹を壊さないようなら生肉を使用してもいいでしょう。しかしそれをいうなら、野生では生のまま獲物の内臓も食べます。内臓から骨髄までかみ砕いて食べて初めて、野生に近い生食を実現したといえるでしょう。しかし、**一般の家庭でこれはまず無理**です。

ということであれば、生の筋肉だけを与えることにそれほど固執する必要はないと思います。どうしても生肉を与えたいのであれば、鮮度と衛生面には十分注意してほしいところです。

✺ イヌの体調がよければむやみにメニューを変えない

せっかくの手づくりドッグフードなのですから、いろいろなメニューを楽しませてあげたい人がいるかもしれません。しかし水を差すようですが、使用する材料が多いほど、そのイヌに合わない食材を使ってしまう確率が高くなります。香味野菜やアクの強い食材は、人にとっては食欲増進やそのほかの健康効果をもたらす場合があります。しかしイヌにとってはそのほとんどが無用、もしくは逆に体調を崩す原因になりかねません。

使用する材料の選択基準として簡単なのは、市販のドッグフードに使われている食材、もしくはそれに類似する食材だけに限定するということです。試しにドッグフードを食べてみればわかりますが、われわれが感じるようなうまみや風味とはまったく無縁のそっけない味です。

手づくりのドッグフードは、人間の嗜好に似た料理になってしまいがちですが、獣医の立場からいわせてもらえば、市販のドッグフードでは不可能な、そのイヌに合わせた特別仕様のご飯を与えたいからわざわざ手づくりするわけです。であれば、目的のための最短コースを選ぶべきであり、安全と思われる材料を集めて、イヌの体調がよければずっとそのメニューでかまわないのです。ただし、単一メニューをあまりに長期間続けると、わずかな栄養の偏りもいずれ問題の種になることがありますから、多少は材料を入れ替える必要があるでしょう。

考えるほどに、実は市販のドッグフードはずいぶん便利で完成されたものだということに気がつきます。確かにドッグフードのリコール問題や過剰な添加物は気になるところですが、実はよく考えずに手づくりドッグフードを導入したことによるトラブルのほうが、ずっと重大で深刻なのです。

なんのために手づくりしているのか忘れないようにしながら、そしてなんらかの疾患対策なのであれば、かかりつけの獣医にメニューの内容を確認してもらい、努力がむだにならないよう正しく料理してください。

やたらとメニューを変えない

人の食べ物を与えたり、必要以上にメニューを次々と変えるとグルメ化しやすくなります。人の食事と同じ感覚でつくるのは、ゆめゆめやめてください

イヌの「食餌性アレルギー」を回避しよう

—体に合った食材が見つかれば劇的によくなる

イヌの「食餌性アレルギー」の診断は難しいのですが、経験則によって症状からある程度はわかります。食餌性アレルギーが引き起こすもっともメジャーなものが、「アレルギー性皮膚炎」です。個体によって症状に多少の差はありますが、目の周りや口の周り、外耳道が、ふちどったように赤く炎症を起こして、脱毛とかゆみがある場合などは、食餌性アレルギーを疑います。食餌性アレルギーは、内服薬（抗アレルギー治療薬）の効き目が鈍いことも多く、やっかいです。

食餌性アレルギーへの対処法は、基本的に「疑わしいものを排除してみる」ことです。主食は1銘柄に絞り、それ以外のおやつは一切なしにします。水分はふつうの真水だけで、牛乳などは禁止です。これでも改善しなければ、主食の内容を変えて反応を見ていきます。

・材料を限定した「除去食」

ふつうのドッグフードは、いろいろな原料からつくられています。栄養のバランスをとるには、なるべく多くの種類の食材を盛り込むほうが望ましいのですが、それは同時に、そのイヌにとってのアレルゲンに遭遇する確率が高まることでもあります。

そこで、使用する食材を限定し、バランスがおよばない部分は各種の栄養添加剤で補った「除去食」と呼ばれるドッグフードが考えられました。除去食は、ドッグフードメーカー各社から製品がでています。除去食を使用することでアレルゲンを回避できれば、症状の改善が期待できます。一般食にはあまり使われていない食材を選んで構成されており、1つ試してみてだめだった場合は、違う構成のものを試してみるといいでしょう。人の場合は、乳幼児期に食べた食材があとでアレルゲンに化けやすいというデータがありますので、イヌが生まれてからいままで食べたことのない食材を狙うと、より成功しやすいと考えられます。

・加水分解食

体の免疫が敵を認識するには、対象がある程度大きな分子でないとうまくいかないそうです。そこで、ドッグフードのタンパク質を製造過程で分解して、細切れのアミノ酸にしてしまおうという発想が生まれました。「加水分解」というのは簡単にいうと、分子を断ち切る際に水の分子が切断端に加わるということです。これにより、体の免疫システムはドッグフード中の分解タンパクをアレルゲンとしてとらえられなくなるわけです。加水分解食は、基本的に一般のペットショップでは購入できないので、かかりつけの獣医に相談するといいでしょう。

ただしこれは反論もあり絶対ではないようで、分解されたタンパク質がやはりアレルギーを起こすという話もあります。また、人

食材を限定したドッグフード

食餌性のアレルギーが疑われる場合は、ある程度食材を限定したドッグフードを与えてみましょう。写真は、かゆみをともなう皮膚病をもつイヌによく用いられる除去食、「プリスクリプション・ダイエット d/d」。獣医の指導のもとに利用する商品です

写真協力：日本ヒルズ・コルゲート

工的な化学反応を加えているせいか風味に劣り、イヌによってはまったく食べない、あるいはかえって下痢をすることもあります。

・免疫を制御するサプリメント

漢方の「レイシ」や、「オメガ3脂肪酸」など、暴走した免疫系を整え、アレルギー抑制効果があるといわれているものは、数多くあります。しかし物によっては信頼性と実績に乏しく、実質、ほとんど効果のなさそうな怪しげな製品も非常に多く存在しています。この手の商品は効いたり、効かなかったりの個体差が大きいので、試して効果がなければ、あまり固執しないほうがいいでしょう。また、副作用の少ないものを選んでください。

まずは体に合った食材を見つける

いずれのドッグフードも、効果がでるまで2～3カ月は様子をみたほうがいいでしょう。食べ始めてすぐに変化がないからといって次々に乗り換えていくと、どこかで最適なドッグフードとめぐり合っていたとしても、気がつかずに見落としてしまうことになります。また、途中でうっかりおやつを与えたり、飼い主の食卓からおこぼれをもらったりした場合は、そこから数え直しになってしまいます。ほんの少しでも「寄り道」したら、ゼロから再スタートなので要注意です。

また、非アレルゲンと判断されても、その食材を続けて長期に渡り摂取し続けると、そのうちアレルゲンとなってしまうことがあります。そこで可能なかぎり多くの安全な食材・既成処方食を探しだし、これらを**ローテーションすることで新しいアレルゲンの発生を抑える**などの工夫も有効です。

以上のような対処法は手間がかかりますが、うまくいけば絶大な効果が上がります。

動物病院で処方してくれる加水分解食

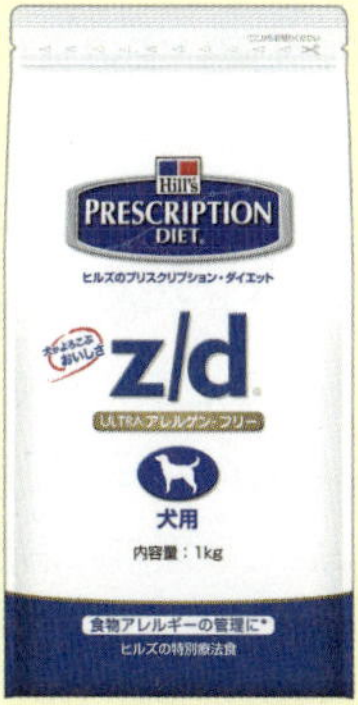

写真は、食物アレルギーの原因となる可能性が低い加水分解タンパク質を使用した、「プリスクリプション・ダイエット z/d ULTRA」。こちらも、獣医の指導のもとに利用するドッグフードです

写真協力：日本ヒルズ・コルゲート

加水分解とは？

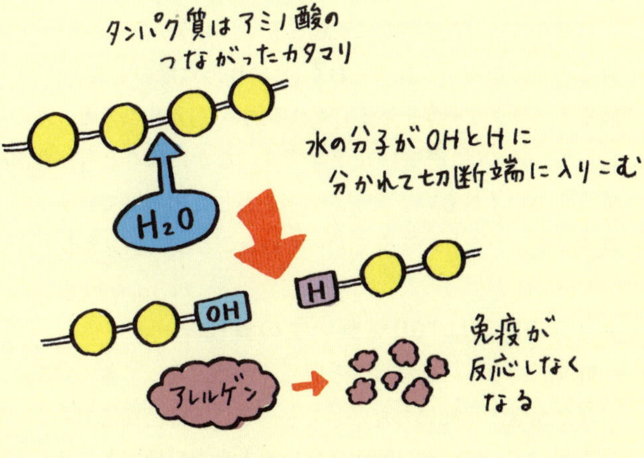

加水分解は、分子のつながりを切るときの反応のタイプ名。水の分子がOHとHに分かれて切断端に入ります。体内で食べ物を消化するときと同じ反応です

25 肥満は重大な健康被害を引き起こす
―イヌの太りすぎは100％飼い主の責任

野生の世界では、毎日食べ物が手に入るわけではありません。狩りをしてもなにも捕れない日もあり、それが続けば餓死してしまいます。ですから肉食獣は、食べられるときにたくさん食べ、食べられないときは、がまんしながら明日の収穫に期待するわけです。テレビで見る野生動物はそんな厳しい環境におかれているからこそシェイプされ、美しい姿を保っているのです（まれに餓死寸前のヨボヨボな個体も映りますが……）。

ペットとして飼われているイヌたちは、このような不安とは無縁です。毎日おいしいドッグフードがでてくるし、おかわりをせがめば、飼い主はうれしそうにドッグフードを追加してくれます。

こんなことが続くとなにが起こるでしょうか？　そう、「食べられるときになるべく食べておく」という肉食獣の本能と、「毎日際限なくドッグフードを与えてくれる飼い主」が出会うと、その先に待っているのは「**肥満**」の2文字です。なかにはもともと食が細くて太らないイヌもいますが、ペットとして飼われているイヌを観察すると、かなりの確率で太っていることに気がつきます。

イヌの肥満は100％飼い主の責任

昨今、ペットの肥満は人と同じく問題になってきています。人は暴飲暴食で早死にしたとしても、それは自己責任であり、本人の意思です。ですが、動物は自分の未来を想像できません。前述したように、注意しても聞き入れない飼い主がまれにいますが、イヌが**肥満に起因する病気にかかるのは100％飼い主の責任**です。

きつい言い方をすれば、一種の動物虐待ともいえるのです。「太っちゃった」ではありません。「太らせてしまった」のです。

肥満は人と同様、万病のもとです。表によくある疾患を挙げますが、あくまで代表例です。実際には、はっきり肥満のせいだと断定できないような曖昧な疾患を抱えたイヌも、数多く来院します。

肥満犬へのダイエットのススメ

人と違い、イヌをはじめとする多くの動物は、本来走ることに適した体の構造になっています。つまり、ちょっと走ったぐらいでは、たいしたエネルギーを消費しないということです。ダイエットに効果があるほどの高負荷運動をすると、逆に心肺系や関節への負担が大きくなり、やせる前に体のどこかを壊します。

イヌが運動で積極的にカロリーを消費するのは難しいので、肥満犬は小走りの軽い散歩を長めに行う程度にしたほうがいいでしょう。運動不足で体が衰えないように……ぐらいのつもりで散歩をさせてください。くどいようですが、運動はダイエットのサポートであって、主軸ではありません。

では、どうやってやせさせるかといえば、そう、食べる量を減

肥満による疾患の例

ケース1	体重を支えきれず、四肢の関節炎や椎間板ヘルニアが発生
ケース2	栄養過多で肝臓に負担がかかる。肝臓への脂肪蓄積、肝機能低下
ケース3	大きくなった体に血液を循環させるため、常に心臓へ負荷がかかる
ケース4	気管の周りに脂肪がつき、「気管虚脱」と呼ばれる呼吸困難を起こす
ケース5	全身の免疫力が低下して皮膚炎・下痢などの疾患を起こす
ケース6	腹腔内の脂肪の量がけた外れとなり、簡単なはずの手術がしにくくなる

らすしかないわけです。最初に述べたように、イヌに満足いくまで自由に食べさせたら太る一方です。避妊手術や去勢手術をした場合は、ホルモンバランスの変化でさらに太りやすくなります。食に対する執着が少ないイヌは、単純にドッグフードの量を減らしてください。ドッグフードの袋に書いてある体重の目安より、ちょっと少なめを基本とします。

たとえば体重が12kgのイヌを10kgにまで減量させたいとします。この場合に与えていいドッグフードは、体重が9kgのイヌに与える程度の量にしないと効果がありません。おやつは原則禁止です。また、目標までの開きが大きい場合は、いきなり最終目標に合わせるのではなく、中間目標を決めましょう。過激なダイエットが体に負担をかけるのは、人と同じです。このような場合は、かかりつけの獣医に相談して、プログラムを決めてもらったほうがいいでしょう。

ドッグフードの量を減らすと、猛烈に反発するイヌがけっこういます。この場合は、なにかノンカロリーのものを食餌に加えて量を増やすことで、胃袋に満腹感を与えるようにしましょう。人

ダイエットのためのドッグフード増量材の例

	ドッグフードの増量材	与え方と注意点
1	キャベツ、大根、レタスなどのみじん切り	楽に胃を通過できるサイズでないと胃もたれを起こすので、よく刻む。ゆでてもいいが、ボリュームが減ると本来の目的に合わないので、特に問題がなければ生のままで
2	寒天を固めて数mmのサイの目に切ったもの	量があまり多いと、下痢や腹部膨満感を起こすので注意
3	糸こんにゃく	ゆでてアクを抜いたあと、1～2cmにぶつ切りにする

にとってローカロリーとされている食材では、目標体重まで下げられないことが多いので、ゼロカロリーに近いものをなるべく使ってください。飼い主さんによくおすすめする増量材の例を表にあげておきます。いずれもイヌによって最適な量や種類はバラバラですので、最初は少量で試し、お腹を壊す様子がなければ、メインの食餌に2～3割混ぜて使用してみてください。ただし、毎日この作業を行うのはけっこうめんどうでしょう。そういう人は、獣医が処方する強力な「ダイエットドッグフード」がおすすめです。市販のダイエットドッグフードよりも減量に役立つよう、強力につくられているので、手ごわい肥満に向いています。

とはいえ、いずれの方法もやりすぎると栄養失調を起こします。数カ月かけて目標体重に近くなるよう、カロリーの計算は獣医とよく相談しましょう。近所で見かける肥満犬を見て、「ああ、うちの子より太っている子がいた」などと安心しないでください。おそらく向こうもあなたのイヌを見て、同じことを思っています。見本として比べるなら、もっともふさわしいのは雑誌に載っているコンテスト犬です。ぜひ、コンテスト犬を目標にしてください。

ダイエットフードの例

写真協力：日本ヒルズ・コルゲート

ダイエットドッグフードは、飼い主がお店で買える手軽なものと、獣医が処方する強力なものがあります。写真は左から、「サイエンス・ダイエット ライト」「プリスクリプション・ダイエット 同 r/d」(肥満減量)、「同 w/d」(肥満防止)。r/dとw/dは獣医の処方で利用します

イヌには毒の意外な食べ物とは？
—愛犬に与えてはいけないものあれこれ

消化できない異物の誤食、身近にある毒物とアレルギーの原因となる食餌の話は前述しました。ここでは、人の食べ物でありながら、イヌにとっては望ましくない食べ物を解説します。

イヌは人と同じ哺乳類ですが、体の消化吸収のシステムは細部が違います。体内の代謝は意外に融通が利きません。人ならふつうに分解できるものが、イヌにとっては有毒物質であることが多々あります。そして分解されない有害物質が体内をめぐってしまい、致命的なダメージをもたらすことがあるのです。

ここでは、日々の診察でよく遭遇することがあり、かつあぶない食べ物をいくつか紹介しましょう。なお、万が一、以下に解説するものを食べてしまった場合、まだ**胃の中にあるならば基本的に吐かせます**。とにかく気がついた時点で、すぐにかかりつけの獣医に連絡を取って指示に従うことが重要です。

ネギ類

ニラやニンニクも含むネギ類は「**アリルプロピルジスルフィド**」という成分が含まれています。人には問題ないのですが、イヌがアリルプロピルジスルフィドを含んだ食物を食べると、赤血球を破壊されてしまいます。だいたい食べてから2日ぐらいで発症し、真っ赤な尿がでるとともに、貧血を起こします。ただし個体差が大きく、敏感なイヌだとネギ入りのみそ汁の汁をひとなめしただけで発症しますが、鈍感なイヌだと、タマネギ入りハンバーグを丸ごとたいらげても平気だったりします。愛犬がネギ類を食べて

イヌに危険な食べ物

ネギ類

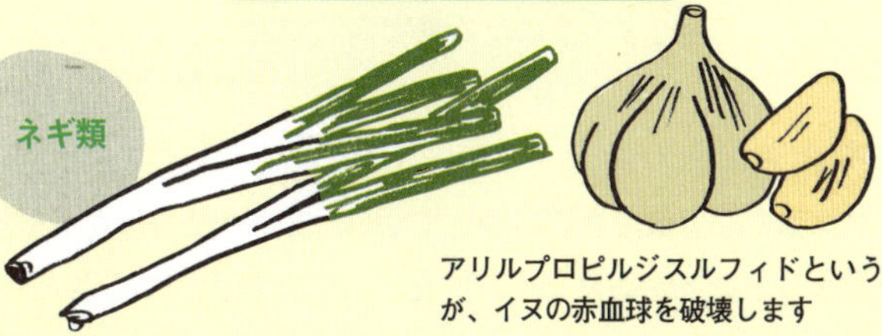

アリルプロピルジスルフィドという成分が、イヌの赤血球を破壊します

鳥や大きな魚の骨

とがった骨は、食道や胃、腸を傷つけることがあります。大きな骨が食道に引っかかることもあります

※ブリカマのような大型のもの

干しアンズ

水を吸ってふくらむもの

ふくらむうえに毒性もある

レーズンは腎臓毒性があります

レーズン

干しアンズなどは水を吸うとふくれ、大量に食べると、胃をパンパンにふくらませてしまいます

キシリトール入りのガム

食べ物をビニールごと

人用ガムに含まれているキシリトールも、イヌには肝臓毒性があります

ビニールごとでは消化もできません。詰まらないうちに手術する場合も

しまったら、「少ししか食べていないから、だいじょうぶだろう」などと安易に判断せず、念のため動物病院で検査を受けましょう。

鳥や大きな魚の骨

イヌは強力な胃酸で骨を溶かしますが、とがった骨は食道や胃、腸を傷つけることがあります。消化器官には雑菌がたくさんいるので、とがった骨で穴が開くと、急性腹膜炎を起こして短時間で死に至ることもあるのです。よくあるのは、飼い主が危険を知らずに与えてしまったケースや、台所の生ゴミを夜中に漁って食べてしまったケースです。フライドチキンのようなブロイラー(食肉用のニワトリ)の骨はやわらかいので溶けやすいのですが、それでも危険です。食いしん坊のイヌがフライドチキンを丸呑みしたあげく、頚部食道に骨が引っかかってしまったケースもありました。

水を吸ってふくらむもの(干しアンズ)

イヌが、乾いた状態の干しアンズなどをお腹いっぱいに食べると、胃液を吸って数倍にふくれあがります。すると胃がパンパンにふくれあがり、「胃拡張」を起こします。程度によりますが、私が以前見たケースでは、胃拡張のショックでそのイヌは死亡しました。

ふくらむうえに毒性もあるもの(レーズン)

レーズンはふくらむこと以外の危険として、腎臓への毒性があることが最近わかっています。レーズンは糖分が多く味も濃いため、胃炎を起こしやすいのも問題です。干していないただのブドウにも同様の毒性はありますが、レーズンのほうが危険とされています。これは、レーズンが干されて体積が減っているため、袋ごと盗食すると大量に摂取してしまうからです。生のままでは、そこまでの量を食べることはあまりありません。ちなみに、体重1kgあたり10～30gの摂取で中毒を起こします。類似する食べ物でも、同じことが起きる可能性があります。

キシリトール入りの製品

人の虫歯予防で有名な物質ですが、イヌにとっては「肝臓毒性」（肝臓にダメージを与えること）があります。日本ではまだ認知度が低くイヌ用のおやつにけっこう混ぜられていますが、含有量が少ないせいか、あまり問題にされていません。しかし、人が食べるキシリトールガムは「わずか数枚でも危険」との報告もあります。

人の食べ物が入っているビニール袋を丸ごと食べた

意外に多いのがこのトラブルです。中身はそれほど危険でなくても、ビニール袋ごと食べてしまっては、消化できるはずもありません。うまく吐ければいいのですが、詰まってからでは遅いので、催吐、内視鏡による摘出や胃の切開術を検討します。

人の食卓からおこぼれをもらう習慣があるイヌは、うっかり落としたおかずを食べたり、場合によっては食卓から食べ物を引きずり降ろしてまで盗食したりします。害のないものを選別して与えているつもりでも、そもそもこのようなスタイルが、一歩間違えば事故を呼ぶわけです。盲導犬並みに「絶対服従」を叩き込んでいる家庭はまずありませんから、人がご飯を食べているときは近くに寄らせないことが大事です。見えなければ、甘えた表情でほしがる様子に、こちらの心が揺れることもありません。台所への侵入も柵で防ぐなどして、買ってきてから冷蔵庫へ入れるまでの間に、床に置いた食材を荒らされないようにしてください。

27 イヌに与える水はどんなものがいいのか？
―ペットショップの怪しげな水には注意

ペットの食べ物はいろいろなものが販売されており、よく相談を受けるのですが、「飲み物」について聞かれることもあります。ペットショップでは、イヌ用としてペットボトルに詰められた水が売られており、なるほど、みなさんは「こういうものに興味を引かれるのか……」と思いました。ペットボトルに詰められた水の説明書きを読むと、それらしい効能がうたわれていますが、現代の科学では説明できないような怪しい内容であることも多いようです。世の中で売られているものすべてにいえますが、エセ科学によって素人をだまそうとしている商品は、とても多いのです。

イヌに合わない水を与えると意外なトラブルも

「愛するペットのためによりよいものを」と思うのは立派ですが、以前、この手の水を飲ませたことにより、肝臓を壊したイヌがいました。最初は原因がわからず、食餌も特におかしなものを与えているわけではなさそうでしたが、くわしく話を聞いているうちに、ペットショップで買ったという水を飲ませていることがわかりました。そしてその水を飲ませるのをやめてから、なかなか下がらなかった肝臓の値が下がっていったのです。すべてのイヌで問題を起こすなら、さすがに発売しないと思うのですが、たまたま相性が悪いと、ときにこのような事例も発生するのです。

ふつうの水道水で問題ないのに、わざわざペット用として高価なうえリスクまである水を買う必要はありません。それでも気になるなら、近所のディスカウントストアで人用の国産天然水（軟水）を買って与えれば十分です。

✹ 水を飲ませなければいけないときは煮汁やだし汁がよい

性格的に水をあまり飲まないイヌもいますが、尿結石をわずらったイヌなどは、多めの水分摂取が必要です。下痢で脱水気味の場合も水分補給が大事なのですが、イヌはそういう事情を理解してくれません。このようなときにおすすめしているのは、肉をゆでたあとの「煮汁」や、かつおぶしで取った「だし汁」です。余分な

イヌには水道水や人用の水で十分

割高なうえ特段効能のない水を与える必要はありません

栄養素の摂取は、そのイヌの治療方針とかち合う可能性がありますが、煮たときにでてくるわずかなうまみ成分は、栄養量としては誤差の範囲といってよいでしょう。
これをペットボトルに一杯つくって、冷蔵庫にしまっておくのです。使うときは電子レンジで人肌程度に温めると、おいしそうな香りがでて、イヌの興味を引けます。なかには全然反応のないイヌもいますが、思うように水分を取ってくれなくて困っている場合は試してみるといいでしょう。

牛乳が合わないイヌには与えないこと

「牛乳」をふだんからあげているご家庭も、よく見かけます。イヌは、牛乳の成分を分解できずに下痢をすることがあるため、一般には避けたほうがいいとされています。しかし、個体差も大きいので、特に問題になっていない場合は与えてもかまいません。とはいえ、牛乳を大量に飲むイヌは肥満になりやすいので、与える量はそこそこにしたほうがいいでしょう。水で薄めて与えるのも有効です。また、ペットショップに売っているやぎのミルクを与えてもかまいませんが、基本的にこれらのものは「本来生きていくうえでは必須のものではない」という点を認識しておいてください。なお下痢をしたときは、牛乳が原因かもしれないので、いったん与えるのをやめてもらいます。
胃腸ががんじょうで、特に皮膚アレルギーもわずらっていないイヌであれば、獣医はあまり細かく注文はつけません。しかしわざわざトラブルの可能性を自分から取り入れる理由はないのですから、**いちばんの安全を考えるなら水道水**だと思います。それ以外の飲み物を与えようと思っている場合は、その前にかかりつけの獣医にひと言相談しておいたほうがいいでしょう。

水分を取ってくれないイヌには？

水分補給が必要なのに水をあまり飲まないイヌに水を飲ませたいときは、煮汁やだし汁がおすすめです。つくったら冷蔵庫に保管し、与えるときは人肌に温めます

イヌに牛乳を与えていい？

問題がなさそうであれば与えてもかまいませんが、積極的に与える必要はありません。下痢や肥満の原因になる場合があるからです

Column

予防接種の費用は高い？　安い？

飼い主の中には、注射一発で終わる予防接種の費用が「高いのでは？」と感じる人が多いようです。確かに、予防接種をはじめとする「予防医療」は、比較的手間がかからずコスト面で有利なので、病院の収入を支えています。

しかし、病院には難しい病気をかかえたイヌも多数きます。そして難しい病気になるほど、必要な設備、消耗品の量、スタッフの人数、診察時間、治療時間を必要とします。

1人の獣医が、重症のイヌをつきっきりでケアした場合、その獣医は、その日1日、ほかの仕事をまったくできないこともあります。この場合、かかる費用は「日数×数万円」になりますが、実際のところ、多くの動物病院ではもっと安くしているのが現状です。

つまり、多くの動物病院のビジネスモデルは、重症のイヌにかかる費用を、日々の予防接種で得たお金で補っているということなのです。いわば「共済保険」のようなものですね。仮に、ある病院に予防接種で来院する飼い主がまったくこず、重症のイヌを抱えた飼い主ばかりがきた場合、おそらくほどなく廃院に追い込まれることでしょう。重症例を専門に診る高度な医療病院もありますが、費用をかなり高く設定しているケースがほとんどです。

近年、予防接種の費用は、少しずつ下がっています。動物病院同士の競争が激しくなり、費用を下げないと患者を確保できないからです。また、予防接種は、個体によって効き具合がけっこう違うため、現在は年1回が基本ですが、今後は間隔が延びるかもしれません。そうすれば、動物病院が予防接種で得られる収入も減ってしまいます。動物病院にかかる際は、1回の予防接種にかかった費用や1回の診療にかかった費用を個別に比較するのではなく、トータルで考えていただければと思います。

第4章

病気やケガのサインを知って早期発見

28 熱がある、体が冷えている
―体温は体温計で正しく計測する

イヌの平熱は個体差があるものの、だいたい38.5～39.5度と人よりは少し高めです。イヌには毛皮があるので、体を毛皮の上から触っただけでは体温を把握しにくく、正確に測るにはコツがあります。イヌの体温を正確に測るには、**人用の体温計を肛門に2～3センチ差し込んで**測ってください。

イヌは運動したり興奮したり、なにかに恐怖を感じたときなどに体温が上がります。たとえば診察を待つあいだ、ずっと怖がっていれば体温は上がります。イヌの体温を測るときは、リラックスして安静な状態で行ってください。これは人と同じですね。

飼い主さんのなかには、ちゃんと測らずになんとなく「熱がある！」と駆け込んでくる方がけっこういますが、半分以上は気のせいです。人はちょっとした体調不良ですぐに発熱しますが、動物の発熱はそれほどひんぱんに起こる症状ではありません。また、体表温度が高めでも、体内温度は平熱だったり、逆に、一見平熱に見えても、測ってみたらけっこう発熱していたりすることもあります。なんとなく触っただけで決めつけるのは厳禁です。

✹体温が上がっている場合

イヌの体温が39.5度を超えると明確な発熱と考えますが、実際のところ、発熱をおもな症状とする病気、必ず発熱する病気というのはあまりありません(発熱することもある病気というのは山ほどありますが)。発熱をともなう病気は、「犬ジステンパー」や「レプトスピラ症」などの感染症がよく例に挙げられますが、実際にこ

イヌの高熱、平熱、低熱の目安

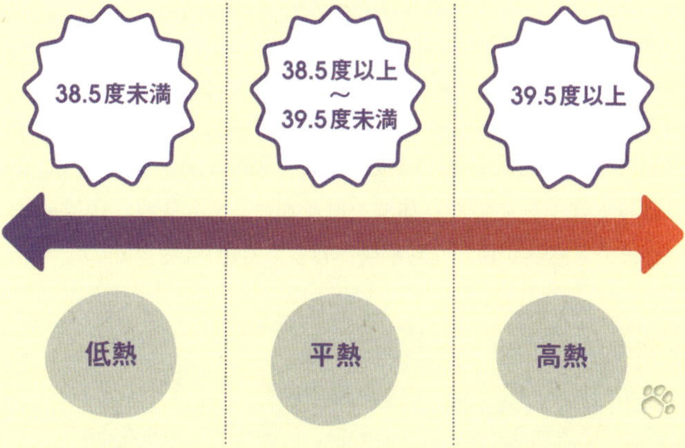

イヌの体温は肛門で測る

イヌが暴れる場合は、無理をしてご家庭で測る必要はありません。検温は獣医に任せてください。肛門を傷つけてしまってはもともこもありません

れらの感染症で来院するイヌは、さほど多くありません。

よく見るのは、病名のつけにくい漠然とした体調不良、外傷や関節・内臓の痛み、てんかん発作、熱射病です。これらも程度によっては命に関わるので、発熱と同時に呼吸が苦しそうだったり、様子がおかしかったら、すぐ動物病院へ行ってください。逆に、熱以外は特に症状もなく快眠・快食・快便ということであれば、しばらく様子を見てから体温を計りなおしましょう。とはいえ、いつまでも高熱が続くなら病院へ行ってください。

✹体温が下がっている場合

動物の体温の低下は、かなり調子が悪いことを示しており、死に直結する危険なサインです。外傷、内臓疾患、あらゆる病気において命の危険が迫っているといえます。だいたい38度を割り込んだあたりで、異常と判断します。ヨボヨボの老犬などは、37.5度前後が続くこともめずらしくありませんが、さほど歳をとっていないのに急に体温が下がり、様子もおかしいようであれば、すぐに動物病院へ行ってください。

応急処置としては、ペットボトルの容器に約40度のお湯を満たし、ペットボトルにタオルを軽くひと巻きするか、靴下を履かせるなどして、イヌのそばに置いてください。あまり熱いものがペッタリ密着すると低温火傷を起こすので注意が必要です。

体温の変動は、家庭でいち早くトラブルを見つけるためのバロメーターとしては、鈍感な部類に入ります。通常はもっと先にわかりやすい症状が現れるものですし、元気の程度や顔の表情をよく見ているほうが、より早く異変を見つけられるでしょう。平熱を把握しておき、なにか体調の異常を感じたときに再度測定してみる、といった活用の仕方がおすすめです。

先が曲がるタイプの体温計もある

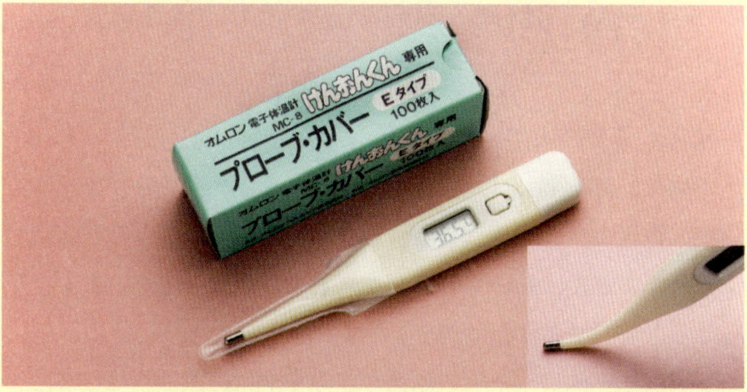

基本的に人用の体温計に、使い捨てのカバーをかぶせて使えばOKです。写真はオムロン ヘルスケアの「プローブ・カバー」で1,000円もしません。イヌが動いても傷をつけにくい先が曲がるタイプの体温計も、ペットショップなどで1,000円程度からあります（写真は先が曲がるタイプの体温計）

ペットボトルで温める

イヌの体を温めるには、ペットボトルにお湯を入れて、靴下などでくるみ、湯たんぽにするのがおすすめです。原始的に見えますが、特別な準備がなくても簡単につくれる便利な方法です

29 下痢をしている、便秘をしている
—長く続いたり血が混ざったりしたら危険

イヌが下痢をしている

下痢は、胃腸（おもに腸）が弱っていたり、細菌感染、ウイルス感染、寄生虫、異物誤食など、なにか望ましくないものを排出しようとして盛んに動いていたりするときに起こります。まず、そもそも下痢の便とはなにかを知っておきましょう（右図）。

下痢は基本的に、下痢の原因がすみやかに排除されてしまえば治ります。暑い夏に冷たい水を飲みすぎたなど、原因がはっきりわかっているときは胃腸が弱っているので、ドッグフードを半分にしたり、1食抜いたりしてみましょう。それで下痢が止まれば問題ありません。

しかし、原因がいすわっているなど、内臓の不調が続くときは下痢も止まりません。下痢がもたらす被害はたくさんありますが、最初に命を脅かすのは「脱水」です。本来、腸で吸収されるはずの水分がそのままお尻からでるわけですから、**子犬や老犬は1～2日で死亡**することもあります。かつては「コレラ菌」など、重い下痢を起こす病気の流行で多くの人が命を落としてきましたが、点滴の発明により死亡率は大きく減少しました。イヌも同じで、体力の維持には水分補給が大切です。腸にいくらか吸収能力が残っていれば、イヌ用の水分補給ドリンクを少しずつ与えます。

しかしひどい下痢では、失われる水分をその程度では補給できませんから、入院して点滴が必要になります。胃腸を休ませるために絶食をするのも常套手段ですが、エネルギーを多く必要とする幼弱犬の場合、絶食がダメージにもなります。飼い主が、「明日

どこからが下痢？

通常の便

固体

ほどよい硬さ、地面にくっつかず、指でつかんでも形がくずれません

軟便

固体〜ドロ状

形はありますが地面に近いところはくずれます。取ると下に少し残ります

下痢

ドロ状〜液状

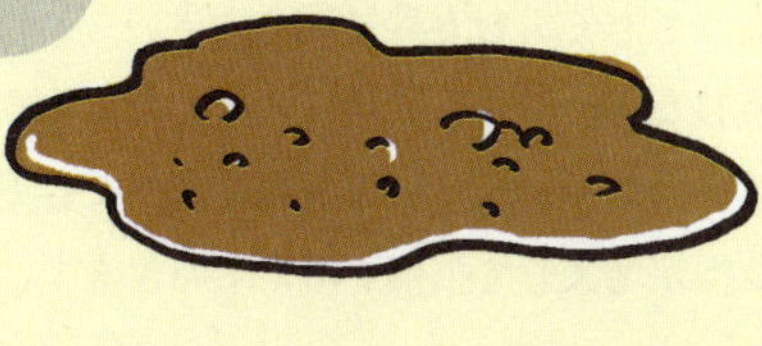

取ったときに地面に残るようだと、通常の便とはいえなくなります。ただし、もともとそれぐらいのイヌもときどきいます

には治るだろう、明後日には……」と考えて放置していてなかなか治らず、日数だけがすぎていき、瀕死になってから病院へくる例をしばしば見ます。様子を見るのもほどほどにしましょう。また、下痢にかぎりませんが、便に血が混ざっている場合は、内臓に大きな問題を抱えていることもありますので、動物病院に行ってください。下痢以外のおう吐などを併発している場合も同様です。

✺ イヌが便秘をしている

数日程度の便秘では、まず起こりませんが、ずっと続くと、大腸にものすごく太く硬い便が固着し、イヌ自身の力では排出できなくなることがあります。下痢と比べて発生することはまれですが、老化や腫瘍による腸の運動能力の低下、腹圧の低下、該当部を担当する神経の機能低下などが要因となります。

便秘がたびたび起こるようであれば、高繊維食を食べさせ始めたほうがいいでしょう。そのほか便をやわらかくしたり、ゆるい下剤を処方したりすることもあります。

たまたま起きた便秘を運悪くこじらせたようなものであれば、浣腸で宿便を取り除き、その後の食生活を改善すればいいのですが、「巨大結腸症」という、腸が拡張したままの状態にまで進行してしまうと、終生、排便のためのケアが必要になります。

特に心あたりがない便秘、特に下痢からの回復途中では、からっぽだった腸に食べ物がたまってきている最中なので、一時的に便の回数が減ります。2日ぐらいなにもでないこともあります。

しかし、下腹部をやさしくもむと妙に硬く大きいものに触れるとき、交通事故の直後など、ほかに同時に発生した異常がある場合は、おそらく自然回復は望めません。病院で調べて対処を行わないと、大腸への負担が増大して損傷が増えていきます。

一過性のものと思われるなら食事を抜いたり減らす

胃腸を休めるために絶食するのは古典的な方法ですが、体力の消耗があるときは点滴の併用が必要です

血が混じっていたら病院へ

一時的な下痢で、出血が少量の場合はときどきありますが、出血が多いときは危険です

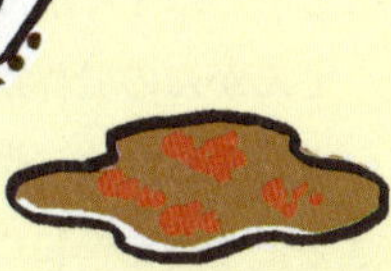

30 急に倒れた！
―すぐ立ち上がったとしても動物病院へ

完全に意識を失うものではなく、めまいに近いレベル、もしくはすぐに立ち上がるようなレベルだと、そのまま様子を見てしまう飼い主がいます。しかしこれは危険です。かならずすぐに最寄りの動物病院にかけつけてください。見ていないところでどれほどの発作があるのかわかりませんし、次の発作が夜中に起きてそのまま死亡する可能性もあります。何カ月か経って悪化してからようやく来院しても、たいていの場合、発生頻度の増加、発作の長時間化が起きており、治療も出遅れてしまいます。また、倒れたときの様子をくわしく観察し、メモしておくことも重要です。

「突然倒れた！」というケースで来院する事例は、原因を脳か心臓にもつことが多く、特に「てんかん」の発作が大半です。てんかんは、脳内の電気信号がショートして、意識レベルの低下や全身に力の入ったけいれんなどを起こす病気です。てんかんが軽度の場合は、数分でなんとなく治まってくるものですが、重度のものは「重積」といって、強力なけいれんが何十分も続き、そのうちみずからの発する熱で過熱死したり、脳に重度の障害を残したりします。とはいえ、いきなり強力なけいれんが発生することはまれで、初期の段階で来院しさえすれば対策できます。古くからよく用いられているのは、精神作用薬による内科的コントロールです。ほとんどのてんかんは、薬による改善が期待できます。

てんかんの発作が始まるきっかけは、まったく理由がわからない場合もあれば、恐怖・興奮・怒りなどの激しい感情、動揺が引き金となり発作につながっている場合もあります。飼い主はふだんから精神的なやすらぎを与えるように心がけてください。

自宅で、治まる気配のない本格的なてんかんの発作が起きた場合は、夜でもためらわずに夜間救急病院へ行ってください。体が熱い場合は、脇や内股、お腹などに水をかけて冷却してから出発しましょう。熱射病と同じく、過度の体温上昇は死を招きます。

心臓疾患による発作は、重いとほぼ即死しますが、重度でない場合には、おもに運動や興奮が引き金となって低血圧やめまいを起こし、半分失神したように脱力します。すぐに心拍が戻れば数十秒で立ち上がりますが、このようなイヌはもともと心機能が低下していることが多く、さらに運動や興奮が加わって限界を超えて倒れるため、起き上がったあとも弱々しい状態が続きます。ふだんの検診で異常が見られた場合や、少しでも発作らしき様子があった場合には、かかりつけの動物病院でよく調べてください。

発熱がひどいときは水をかける

熱中症の場合と同じく、発作による異常な体温上昇でも水で冷やすことは有効です。お風呂場のシャワーなどで、やさしく水をかけてください。ただし、水を吸い込むと危ないので、顔にはかけないように。発作を抑える効果はないので、終わったらすぐに病院へつれていってください

31 吐く
―吐き方には2種類ある

イヌは本来、吐きやすい生き物です。吐くといっても、「おう吐」と「吐出《としゅつ》」の2種類があります。おう吐は消化の終わった食べ物や胃液を吐く行為、吐出は食べた物をすぐに吐く行為です。

おう吐の場合

イヌは、しばしば自分が吐いたものを食べなおしますが、これは、「おっと、うっかり吐いてしまった。もったいないから食べなきゃ」と思うからです。この場合は、深刻な病気を抱えている可能性は比較的低く、たまにこういう事がある程度なら心配ないでしょう。

しかしひんぱんに吐いたり、食べ物を受けつけなかったり、元気がなくなったり、吐いた物に血が混ざっていたりしたら、動物病院に連れて行きましょう。

いちばん多いのはちょっとした胃腸炎で、これは治療すれば比較的すぐに治ります。次に多いのは、先に解説した異物誤食です。ときどき見るのは、お腹が減りすぎて吐く例です。食餌の少し前に胃液だけを吐く場合、食餌内容を消化のよいものだけにして、食餌の回数を細かく分割して増やし、**空腹になっている時間を短くすることで、ぴたっと治る**ことがあります。ほかに体調不良がなければ、食餌パターンを変えてみましょう。

おう吐を起こす原因は、脳神経の異常、筋肉骨格の痛み、内臓疾患、腫瘍など、乱暴にいうとあらゆる問題が考えられます。

全身疾患の一端としてのおう吐であった場合、事態は飼い主が

イヌが吐くおもな理由

おう吐	たまたま吐いた
	食べすぎて吐いた
	空腹のあまりムカムカして胃液を吐いた
	ドッグフードが古くなっていたり、腐っていた
	異物が胃にある
	胃に炎症や腫瘍などの異常がある
	内臓疾患の影響
	伝染病による衰弱
吐出	食道狭窄
	巨大食道症

吐いたものを食べていればだいじょうぶ？

イヌの食べなおしは、症状の深刻さは別として「イヌ自身がひどく苦しいかどうか」を判断する指標になります。とはいえ、苦しくなさそうでもひんぱんに、吐いては食べ、を繰り返すようであれば、異常なので病院へ行ってください

予想しているより、はるかに深刻です。院内でできる血液検査やレントゲンなどの基礎検査のほか、血液の特殊な検査を行う必要がでてくることもあります。もともとおう吐しがちなイヌの飼い主ほど危機意識が低いので、来院のタイミングを逃さないようにしてください。

✹吐出の場合

食べてから数秒後に吐く「吐出」の場合、食べたものが胃に到達せず、食道で止まっていることがあります。この原因は、食道が細くなってしまう「食道狭窄《しょくどうきょうさく》」や、逆に弛緩してしまう「巨大食道症」が考えられます。食道狭窄は、異物などで傷つけられた食道が治るときに引きつれてしまう「瘢痕《はんこん》収縮」や、胎生期になくなるはずの血管が残ってしまい、食道を囲んで締めつけている先天異常などで起こります。巨大食道症は、なんらかの原因（多くの場合原因不明）で食道が弛緩《しかん》してしまい、胃まで食べ物を運べなくなる病気です。前者の先天異常であれば手術で解決できますが、それ以外の場合、根治は困難です。

ちなみにこのような病気にかかった場合は、イヌを2本足で立たせた状態で流動食を食べさせ、最後に水をひと口与えて口とのどをすすぎます。その後、食べたものが胃に落ちるまで、胴体を立てた状態でダッコしていてもらうなど、生活の工夫でフォローしていきます。なお、吐く行為全般にいえますが、**吐いたものが気管や肺に入ると「誤嚥《ごえん》性肺炎」という状態になり非常に危険**です。たび重なるおう吐では、胃酸が失われることによって体が過度のアルカリ性になってしまったり、胃酸で食道や口腔内の粘膜が焼けただれてしまったりもします。これが原因で長期間飲食できないようになれば、命にも関わります。

空腹で吐くときは4〜5食に分けて食餌を与える

食餌1回目 6:00　食餌2回目 14:00　食餌3回目 22:00

↓

食餌1回目 6:00　食餌2回目 10:00　食餌3回目 14:00　食餌4回目 18:00　食餌5回目 22:00

ただし、食餌を与える間隔は最低でも3時間はとります。あまりにもこま切れにすると、前に与えた食餌がまだ残っているからです

危険な誤嚥性肺炎

おう吐物が気管や肺に入ると、ひどい呼吸困難を起こします

32 イヌが足を引きずっている
—ねんざや骨折が原因ではないこともある

「先生、うちの子の足がおかしいの！」——とてもよく聞くセリフです。おかしいといってもいろいろあります。よく観察すると、イヌが少しだけ特定の足をかばっていたり、完全に持ち上げてブラブラさせていたりすることもあります。専門用語では「跛行《はこう》」といい、先天疾患、ケガ、関節炎などで正常な動きができない状態です。よくある原因の1つに趾間炎《しかんえん》がありますが、68ページで述べましたので、ここではほかのものを挙げましょう。

ねんざ・骨折

活発なイヌは、室内外を問わずよく動き回ります。ちょっとした障害物でつまずいてケガをしたものから、派手な例では階段ですべってなだれのように落ちてきてケガをしたイヌもいます。飼い主がケガをした瞬間を目撃していれば、ケガの程度もある程度わかるのですが、多くの場合はいつの間にか痛めているので、触診で部位にあたりをつけ、骨折の有無をレントゲンで確認します。

イヌはケガをしている部分を触られると、たいていは嫌がるか怒るかします。しかし、がまん強いイヌの場合、ねんざ程度だと触っても反応しないことがあり、なかには院内でほとんどふつうに歩いてみせ、**必死に無傷を装うイヌ**もいます。敵に弱点を見せないという野生の本能が発揮されるのか、警戒心の強いイヌほど症状を隠そうとします。

そのようなイヌの場合は、家をでて病院にくるまでの様子を飼い主によく観察してもらう必要があります。言葉で説明しにくい場合は、ケータイやデジカメなどの動画撮影機能を利用して見せてもらえると、大変ありがたいです。

ひざのじん帯が伸びて、ひざのお皿がずれる「膝蓋骨脱臼《しつがいこつだっきゅう》」、ひざ関節の接合面のじん帯が損傷する「十字靭帯断裂《じゅうじじんたいだんれつ》」、「半月板《はんげつばん》損傷《そんしょう》」などになると、手術による整復の必要があります。不自然に痛みが継続するようであれば、くわしく調べてもらいましょう。しかし、手術は万能ではありません。ときに跛行が残ったり、あとになってから手術部位を再度痛めたりする可能性もあります。

骨折しているイヌの場合はさすがに痛みをがまんできないようで、ほぼすべてのイヌが痛みを訴えます。一般的には、かばい方が大げさな場合ほど痛みが大きいと考えられるので、早めに来院してください。中途半端に放置すると、治りも悪くなります。

関節の脱臼は、場合にもよりますが温存するケースと手術するケースがあります。最近ではペットにも人工関節の施術が試されているようで、飼い主が望めば大学病院や関節整形のエキスパートの先生に判断を仰ぐのも手でしょう。

ケガをしているのにやせがまんするイヌもいる

緊張と警戒によって、イヌが症状を隠してしまうときがあります

✹椎間板ヘルニアによる神経の異常

筋肉や骨格が健在でも、それを制御する神経に問題があれば、歩き方に特徴的な異常が見られます。脳や末梢神経のトラブルはごくまれで、実際は椎間板ヘルニアに起因する脊髄の障害がほとんどです。人のヘルニアでも、指先がしびれたり、重度の例では下半身が麻痺したりするように、背骨のどのあたりにどの程度の障害があるかで症状が変わります。なお、胸椎《きょうつい》と腰椎《ようつい》の境あたりが異常の起こりやすい部位です。

具体的な症状は、後ろ足の「ナックリング」や、突っ張り気味の足でギクシャクと歩くロボットふう、もしくは千鳥足での歩行、座ったときに後ろ足を前方に伸ばして投げだすなどです。軽度で初期なら、患部を温めたり、投薬したりすることによって炎症を鎮められますが、重度になると手術が必要になることがあります。大きな段差を降りると、衝撃が背骨にかかって悪化しやすいので要注意です。どんな治療法を用いても再発の可能性は大きいので、運動の制限はずっと意識しなくてはいけません。

✹腫瘍

いちばん考えたくない可能性です。イヌが異常を訴えた段階で、おそらくそれなりに病変は進行しています。腫瘍性の細胞が見つかった場合、足を切断することもありますが、すでに体幹部へ転移している場合は、手術せずに支持治療だけのことも多いです。

なお、人は二足歩行するため、足を1本失うことは大きな行動の制約になりますが、ペットは4本で歩くため、足が1本なくてもそれなりに動き回ります。しかし、その姿を見ている飼い主の精神的な苦痛がかなり大きいので、足の切断をどうしても選択できないことがあります。

関節というのは手術の難易度が高く、感染にも弱い部位であるため、へたにおおがかりにいじって失敗するよりは、ギプスでの固定や消炎剤の投与でしのぐ古典的な手法のほうが、結果として「本人」のためであることもあります。多少の跛行やアンバランスが残ったとしても、それが**イヌ自身に持続的に痛みを与えるものでなければそれもよし**、というわけです。このあたりは獣医によって意見が分かれるところなので、治療方針を決定するときに担当の獣医とよく話し合うことをおすすめします。

ナックリング

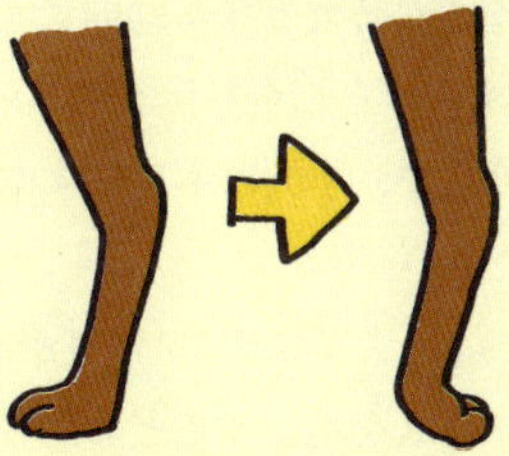

パッド（肉球）で接地せずに、手足の甲の部分が地面に着いてしまう状態のことです。本来はなにかにあたると反射的にパッドで接地しようとするので、神経の異常が疑われます

座ったときに後ろ足を前方に投げだす

後ろ足をたためずに、伸ばしたままで座ります。同時に起立できないことが多いです

33 呼吸がおかしい、咳をする
—犬ジステンパーなど危険な病気の可能性も

イヌはもともとひんぱんに「ハァ、ハァ」と舌をだして呼吸しますが、子犬で多いのは「犬パラインフルエンザ」(ケンネルコフ)と呼ばれる病気です。鼻から気管にかけてひどい炎症を起こし、呼吸困難に陥ります。たんが喉の奥で絡んでいるような「グフゥ、グフゥ」というくぐもった呼吸から始まり、激しいせきとそれに誘発されるおう吐へ移行します。吐いたものを吸い込むなどして急に悪化することもあります。犬パラインフルエンザは食欲低下を起こしやすく、エネルギーをたくさん必要とする幼弱犬が、**あっという間に衰弱して死亡**することもめずらしくありません。成犬はめったにそこまでひどくなりませんが、子犬は本当にすぐ弱りますので、すぐに治療を受けてください。

よく似た初期症状を示す病気に「犬ジステンパー」があります。犬ジステンパーは、病院でウイルスを検査するとわかります。多くの場合、飼い主が「イヌの風邪がなかなか治らない」「症状がずいぶん激しい」と感じて来院します。犬ジステンパーが進行すると、けいれんや眼球の異常などの特徴的な症状が現れてきます。しかしこの段階になると、ほぼ助かりません。早期から全力で治療を行って助かったとしても、神経系に後遺症が残ることもあります。ちなみに、どちらもワクチンの予防接種で防げます(168ページ参照)。

成犬に多い呼吸器系の病気には「気管虚脱」が挙げられます。この病気は肥満の小型〜中型犬によく見られるのですが、気管を丸く支えている軟骨と膜が変形してしまい、空気の通りが悪くなって呼吸困難を起こします。気管虚脱は、投薬で治療しますが、重度のものは最終的に呼吸困難で衰弱死してしまいます。予防法としては、ダイエットのほか、首輪による圧迫をさけて胴輪にするなどの生活改善、治療法としては早期からの投薬で、かなり悪化を食い止められます。発見次第、治療を行いましょう。現在、手術で整形する治療が試みられていますが、一歩間違うと気管が壊死してそのまま死亡につながるため難易度が高く、実用レベルでの施術ができる病院はまだ少数です。

呼吸がおかしくなるそのほかのケース

イヌが外でケンカをしたときに胸部をかまれ、細菌が肺の近くに入り込んで化膿していることがあります。散歩中、ほかのイヌとトラブルになり外傷がある場合は要注意です。また、食べたゴミが喉に引っかかってむせてしまい、吐いたはずみでゴミが鼻に移動してしまった例がありました。人でいえば「鼻から牛乳」とい

犬パラインフルエンザの症状

大型犬だと、そのまま聞こえるほどの大きな異常呼吸音がすることもあります。乾いたゼイゼイ音や、タンが絡んだグプグプ音などが聞こえます

うものです。「フガ、フガ」とくしゃみがずっと続きましたが、結局、内視鏡を口から鼻腔へ差し入れてゴミを取り除きました。

そのほか、「胸水」(肋骨で囲まれた胸の空間と肺の間に液体がたまり、肺がしぼんで空気を吸えなくなる)や「肺水腫」(肺の中に水分が染みだしてきて空気を吸えなくなる)、「肺炎」、「腫瘍」などもあります。肺水腫は、心臓疾患の末期によく現れますが、これはふだんの検診をきちんと受けていれば、ひどくなる前に判明して治療に入れているはずです。検査・治療をせずに、心臓がひどく悪くなってからせき込み始めた場合はかなりの末期であり、長期の生存は期待できません。

また、肺の腫瘍は、人の場合でも発見が遅れがちなぐらいで、かなり大きくならないと呼吸の異常を起こしません。肺全体に細かく転移していることが多く、手術による摘出も難しいことがほとんどです。過去に1回だけ、肺の外側のヒダの間に水風船のような腫瘍がはさまっていたことがあり、その腫瘍は切除できました。しかしほとんどの場合、腫瘍はスポンジ状の肺の内部に埋め込まれる形で発生するため手術は不可能であり、飼い主は苦痛をやわらげる「支持治療」だけを希望することが一般的です。

このように、呼吸器系の病気は初期症状がつかみにくく、悪性のものだと発見時には、すでに手遅れという傾向が見られます。中高年を過ぎたら、定期健診を受けつつ、ふだんからよく様子を見ておいてください。なお、多くのイヌは動物病院にくると興奮もしくは緊張により、リラックスしたふつうの呼吸をしていません。外から見た呼吸の様子と胸部レントゲン、心音の聴診を手がかりに調べていきますが、手がかりは多いほうがいいので、来院する前に、家での平静状態での様子をふだんから観察し、診察のときに教えてもらえるととても役立ちます。

正常

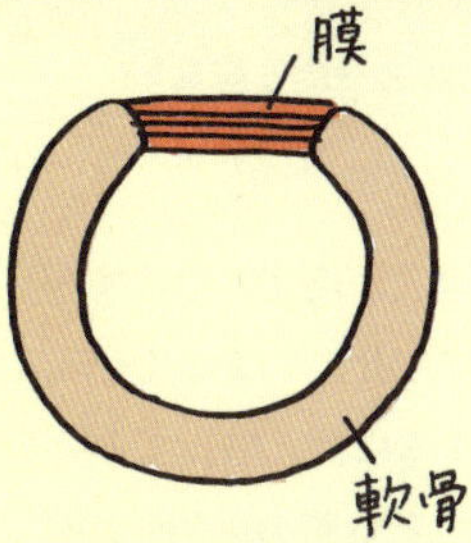

正常な気管は円形をしています

気管虚脱

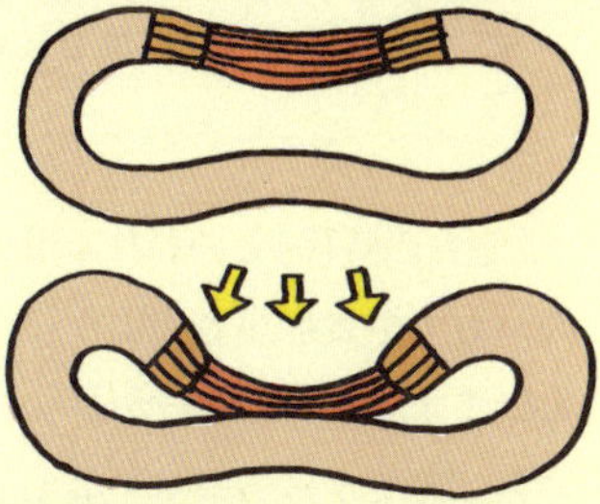

膜と軟骨が弱くなり、楕円形になります。強く呼吸すると中央がつぶれてしまって、空気がほとんど通らなくなってしまいます

ほかのイヌとケンカをしたら注意！

図の脇腹の肋骨近くにケンカ傷があるときは、胸腔へ到達している危険があります。化膿を放置すると呼吸困難で死亡しますから、要注意です

妙にやせてきた
―触ってすぐに骨の感触があったら危ない

「飽食の時代」といわれる現在は、肥満犬が増えていますが、その一方で拒食症患者のようにガリガリにやせてしまっているイヌもいます。やせているかどうかを確認するには、触ってみるのがいちばんです。チェックポイントは背中と脇腹の2カ所。触ってすぐに背骨と肋骨の感触があったら、やせすぎです。危険なのは、**飼い主のほとんどが、「やせてきた」という理由で来院をしないこと**です。これは、「太るよりはいい」と考えてしまいがちなことと、少しずつやせると気がつきにくい、という理由が挙げられます。

多くの場合、飼い主が人のいきすぎたダイエットをペットにもあてはめていたり、漠然と肥満を恐れるあまり、ドッグフードを減らしすぎたりしているケースです。飼い主がイヌの体重コントロールに失敗しているのです。専門用語では「削痩《さくそう》」といいます。飼い主のドッグフードの与え方に問題がある場合は、基本的にドッグフードを増やせば解決です。しかし、そのような心あたりがない場合、イヌの体になんらかの異常が潜んでいると考えます。考えられるおもな原因は、以下の4点です。

❶栄養を消化、吸収できていない

❷栄養をうまく使えていない

❸栄養を腫瘍に取られている

❹栄養がどこかで失われている

❶栄養を消化、吸収できていない

「消化」と「吸収」とは別のものです。食べたものは唾液、胃液、膵液《すいえき》、胆汁《たんじゅう》によって消化され、おもに小腸から吸収されます。しかし、消化の過程で消化液の分泌不全などが発生していると食べたものを消化できないので、吸収の能力が正常でも吸収されずに流れていってしまいます。また、逆に腸の粘膜になにか異常があって吸収できない場合は、せっかく消化された食べ物が吸収されずに、そのまま流れてしまいます。このような状態の場合、たいていは下痢を起こすのですが、なかには一見ふつうの便をするイヌもおり、消化酵素の検査をして初めてわかることもあります。ただし、消化不良は「消化《しょうか》酵素剤《こうそざい》」を飲ませて補うことで劇的に改善します。対して吸収不良は、腸粘膜の炎症や変性によるものが

触って確認

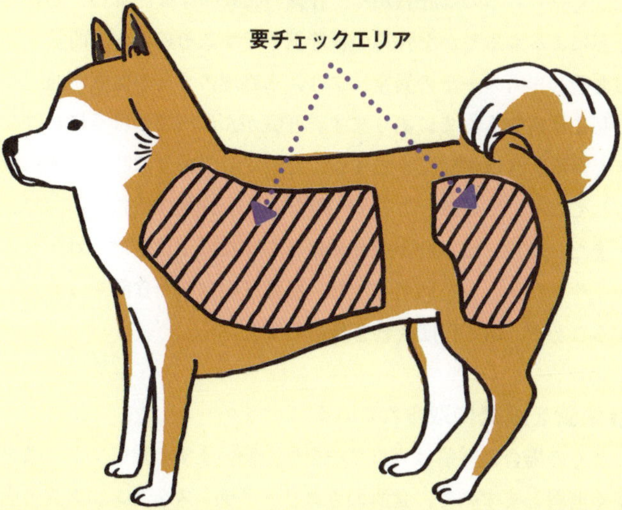

胸とお尻の辺りをなでたりもんだりして、肉づきを判断します。お尻の周りのガッチリ感をふだんから触っておくと、変化がわかります。背中も触って背骨も忘れずに確認。触ってすぐに骨の感触があったらやせすぎです

多く、慢性的なものだとなかなか治らない場合もあります。吸収不良の場合、手術で腸の一部を採取して、病理検査に送って初めて、そこに原因があると判明することもあります。

❷栄養をうまく使えていない

腸で吸収された栄養素は、「門脈《もんみゃく》」という血管を通り、肝臓で処理されます。肝臓は栄養素を合成して、タンパク質やいろいろな物質をつくっています。そして肝臓でつくられたいろいろな物質が、再度血液に乗せられて全身へ運ばれ、利用されます。肝臓の機能に問題があると、この処理がとどこおってしまい、体の各所で栄養が不足してしまうのです。ちなみに脂肪分は血液ではなくリンパ液に乗って運ばれ、別ルートから静脈に合流します。

よく見られるのは肝臓がん、肝臓の先天的な機能障害、高齢化などによるゆるやかな肝臓の機能低下です。そのほか、門脈や肝臓血管の走行ルートの異常により、未処理のままの血液が通過してしまう病気もたまにあります。肝臓がんは、端のほうにだけできているときは切除できますが、たいていの場合は肝臓全体に分布しており、手のほどこしようがないことが多いです。

また、加齢による肝臓機能のゆるやかな低下は避けられませんが、サプリメントを利用したり、肝臓に配慮した食餌を与えたりすることで、ある程度改善を見込めます。

❸栄養を腫瘍に取られている

多くの場合、腫瘍はカロリーを多く使います。特にブドウ糖を多く消費しますので、食餌のカロリーバランスをタンパク質と脂肪に傾けて、糖質を多く含む炭水化物の配合比率を減らす必要があります。処方食の中にはこのような状態に合わせて調合されたものがあるので、かかりつけの獣医と相談のうえ、利用するのも手です。顕著な効果をすぐに実感できる性質の対処法ではありませんが、手術や抗がん剤による根本治療が不調な場合の支持治療として用いられます。

❹ 栄養がどこかで失われている

動物の体の「出口」といえば、尿と便です。つまり、腎臓に重大な問題があってタンパク質が漏れだしているか（ネフローゼ症候群といいます）、「タンパク漏出性腸炎《ろうしゅつせいちょうえん》」による損失が疑われます。どちらも治療は難しく、なかでも明確な原因を特定できない「特発性」と分類されるものは、良質の栄養補給と支持治療だけになります。腸炎は、うまく原因を解決できれば回復に向かいますが、そうでない場合は衰弱の一途をたどります。

以上のように「心あたりがないのにやせてくる」のは、非常に危険な兆候です。歳をとった老犬が、**年相応にやつれてくるのは仕方ありませんが、そうでない場合は要注意**です。ふだん与えているドッグフードのパッケージには、体重あたりの摂食量が書いてあります。その範囲で少し多めに与えて、体重が増えればOKです。

食餌の不足以外でイヌがやせたら要注意

やせる理由	対応策
栄養を消化、吸収できていない	消化酵素剤の投与
栄養をうまく使えていない	サプリメントの投与、食事療法
栄養を腫瘍に取られている	食事療法、抗ガン剤、手術
栄養がどこかで失われている	栄養補給などの支持治療

イヌの目のさまざまなトラブル
—手術で治る白内障もある

イヌの目は、飼い主がひんぱんに見る場所だけあって、比較的異常に気がつきやすい部分です。しかし、毛が長い長毛種だと、目の状態を確認しにくかったり、周囲に付着した目ヤニに紛れてしまった異常を見逃したりすることもあります。ときどきはクリーニングもかねて、しっかりと目を見ておきましょう。ここでは、症状からわかる目のトラブルを解説します。

✺目が白い

目の表面が白いのと、目の中が白いのでは、話が大きく違ってきますが、目の中の白濁といえば、まず「白内障《はくないしょう》」の疑いがあります。白内障は、ピントを合わせる「水晶体」というレンズが白く変性してしまって、光を通さなくなってしまうことです。もちろん視力障害を起こします。

水晶体は、「瞳孔《どうこう》」(光で開いたり閉じたりする黒目の部分)の向こう側に位置していて、異常がないかぎりは透明で確認しにくい存在です。しかし、白内障になると瞳の奥が真っ白に見えるのですぐにわかります。

白内障の中でもっとも多く見られるのは、「老年性白内障」です。進行は、点眼薬で多少遅らせることができますが、そもそも老化によるものなので、大きな期待はできません。人と同様に人工レンズに入れ替える手術も可能ですが、老犬に施術すべきかどうかは余命によるので、獣医に相談するといいでしょう。しかし、まだコストが高く、手術費用は30万円を超えることもあり、場合に

目の部位ごとにトラブルは異なる

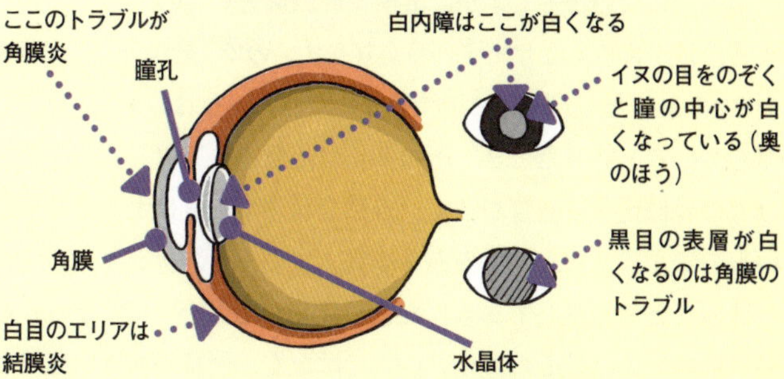

よっては衝撃でレンズがずれることもあるようです。

なお、イヌは人ほど視力に頼っていないので、白内障で視力が低下していたとしても実際の生活で大きな問題がなければ、内科治療だけにとどめることが一般的です。「先天性白内障」や「若年性白内障」は、遺伝によることが多く、場合によっては前述のように手術で人工レンズに入れ替えます。

目をこする、目ヤニがでる

イヌが目をこするのは、炎症を自覚していて気になるからですが、「こすらない＝炎症がない」ということではありませんので注意してください。目ヤニは、涙が多くでている「半透明～こげ茶」の目ヤニと、膿が主体の「黄色」の目ヤニがあります。ほこりに弱かったりしていつも涙が多く、半透明～こげ茶の目ヤニがつく程度なら、積極的に根治を目指す必要はありませんが、膿が主体の黄色の目ヤニは感染が起きている証拠です。放置してひどくなるほど治療は難しくなるので、獣医に顕微鏡で目ヤニを調べてもらいましょう。

✹白目が黄色い、充血している

めったにないことですが、溶血や肝臓障害によって黄疸《おうだん》を起こすと白目が黄色くなります。わかりやすいので「あれ、白目が黄色い？」と思ったら、獣医に相談してください。なお、イヌの目が充血していると感じたとき、その多くは心配ありません。イヌの目は人の目に比べて血管が多く、自然な状態でも充血と間違えやすいものです。ふだんの目の赤さを覚えておくか、デジカメのマクロ機能などで撮影しておき、たまに見比べるといいでしょう。なお、目の充血は目そのものの病気ではなく、全身の病気の兆候としてでることがあります。

✹まぶたがめくれている、まぶたの形がおかしい

まぶたのふちには分泌腺が点在しており、これが炎症を起こすと、いわゆる「ものもらい」になります。炎症の位置が深く、はれがひどいと、まぶたが持ち上がるように変形することもあり、外気にさらされてさらにひどくなります。タレ目の洋犬は、下のまぶたが常にまくれぎみなので、そこにほこりや細菌が入りやすくなっています。そのため、ふだんから涙液を補充するための点眼をしなければならないこともあります。人のドライアイといっしょですね。まぶたは、悪性腫瘍もたまにできる場所です。

✹まぶたが巻き込まれている

まぶたのふちは、ふつうの外皮と目の粘膜（結膜）の境目です。まぶたの巻き込みは主に先天性ですが、まぶたが内側に巻き込まれると、硬い皮膚やまぶたの毛が眼球を刺激します。そして眼球に傷がつくと、慢性の炎症を起こします。軽度であればまめな毛抜きと点眼でしのぎますが、ひどければ手術で整形します。

目ヤニは色に注意！

膿が主体の黄色の目ヤニがでるときは、なんらかの感染の疑いがあります。写真は比較的問題のない目ヤニですが、こびりつく前にふいてあげましょう

タレ目の洋犬はまぶたの周りのトラブルに注意

タレ目の洋犬はまぶたの周りのトラブルが比較的多く見られます。写真はバセット・ハウンド

まぶたのトラブル

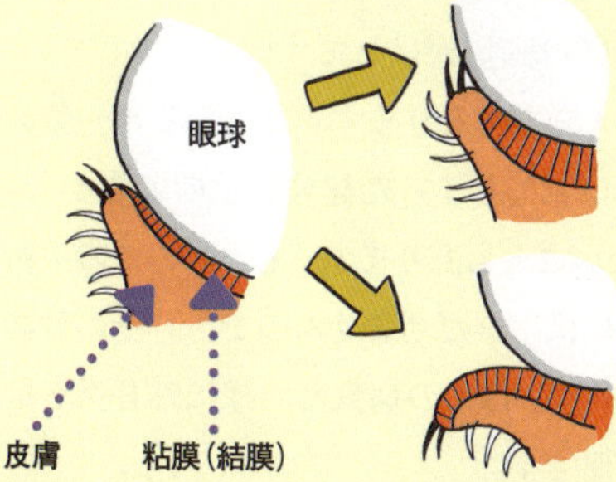

まぶたがめくれたり巻き込まれたりすると、どちらも眼球にダメージを与えます

内反
皮膚や毛が眼球に接してしまいます

外反
炎症などではれてしまい、ベロンとめくれてしまいます。乾燥やほこりに負けて炎症がひどくなります

イヌの耳のさまざまなトラブル
―外耳、中耳、内耳ごとにいろいろな病気がある

外耳炎

外耳炎は、イヌにとても多いトラブルです。イヌの耳は通気性が悪く、脂性の分泌腺が多いため、雑種犬以外のイヌ、特に耳道に毛が生えていて、さらにタレ耳の純血種は、頻繁に炎症を起こします。

イヌが耳を床にこすりつけたり、頭をプルプルとひんぱんにふったりするのが典型的なサインですが、イヌの性格や炎症のタイプによって、かゆみの程度は変わります。ダニが寄生しているときは、高い確率で猛烈なかゆみを訴えますが、それ以外の場合はまったく自覚症状がないケースも多く見られます。外耳炎は、耳の汚れ、赤味、きついにおい、かゆみなどを総合して判断しますので、飼い主でもふだんから注意深く見ていれば簡単に発見できる病気の1つです。

また、全体的に皮膚が弱いイヌは、一時的に治ったとしても、すぐに炎症が再発するのが常ですので、その後も定期的なチェックとクリーニングが必要です。

外耳炎をひどくすると、「外耳道」がはれてすぼまってしまい、治療のための細い綿棒さえ入らなくなります。こうなると一気に悪化してしまい、外耳道のはれてしまった部分を手術で取る「耳道切開」をしなければいけないこともあります。しかし、この手術は、鼓膜に近い外耳道の奥には手をだせませんので、万能の最終兵器というわけではありません。ほかの病気と同様に外耳炎も早期発見、早期治療が大変重要です。

なお、耳にかぎらず皮膚全体にいえることですが、気温と湿度が高いほど炎症は起きやすくなります。春から夏にかけては特に警戒しつつ、定期的に直接、耳をのぞき込んで調べてください。赤味やかゆみがなくとも汚れがあるならば、耳道のなんらかの異変を示しています。

中耳炎

イヌの中耳炎は少ないのですが、慢性鼻炎が悪化したり鼓膜に穴が開いたりして、耳の奥に細菌や異物が入ると、そこが化膿し

外耳炎と中耳炎

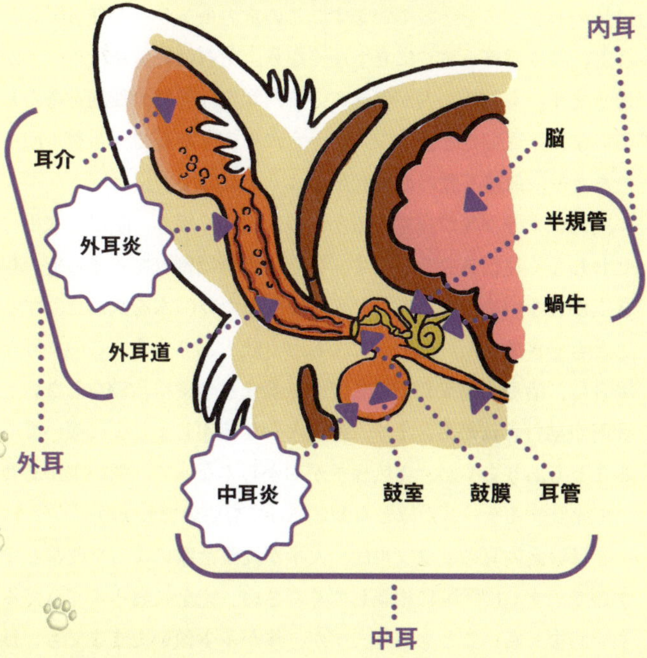

て起こります。中耳炎は、重度の鼻炎や外耳炎、後述する内耳の病気の検査の過程で見つかることが多く、初めから中耳炎を疑うような特徴的な症状はありません。

中耳は、外耳と異なり直接手をくだすのが困難な部位なので、主に抗生物質などによる内科治療を行います。鼓膜を切開して洗浄するなど外科的な処置も行いますが、付随する近くの病変が治っていないと、あまり効果はありません。

✹内耳のトラブル

内耳の大事な機能の1つは「重力センサー」としての役割です。イヌは、この重力センサーからの信号をもとに、ほとんど無意識に体のバランスをとっています。この重力センサーが狂ってしまうと、イヌは真っすぐに立てなくなり、左右の異常なほうへ体が傾きます。もちろん人が備えている内耳も、同様の役割を果たしています。人でたとえるなら、いすに乗って高速でグルグル回ったあとや、前後不覚の泥酔状態のようなものです。

内耳にトラブルが発生すると、首は大きく傾き、眼球も水平にせわしなく往復運動をします。ひどい場合は倒れてしまって、起き上がれないのはもちろん、食餌をとったり、水を飲んだりすることもできません。悪酔いによるおう吐もあります。このような場合は、治療の効果がでるまで、点滴などの支持治療をしないと衰弱が進む恐れがあります。症例として体がじょじょに傾いてくることもありますが、突然様子がおかしくなって、飼い主があわてて来院するケースがほとんどといってもいいでしょう。

とはいえ内耳のトラブルは、大半が投薬治療によって改善しますので、すぐに獣医に相談してください。完全に真っすぐ立てるまで回復しないこともありますが、体が多少傾いたままでも、日常生活に支障がなければ大きな問題にはなりません。

なお、音が聞こえていない様子で、かつ、外耳と中耳に決定的な原因が見あたらなければ、内耳の音をひろう神経のトラブルを疑います。しかし、どの部位になにが起きているのか具体的に調べるのは困難で、CTやMRIなどで腫瘍が見つかったとしても、それをうまく治療するのは簡単ではありません。

そのほか、音が本当に聞こえていないのか、本人に反応する気がないだけなのか、老齢性の難聴・ボケなのか、それらの判断もなかなか確定できないことが多く、十分な診察や検査なしでは聴覚に関して歯切れのいい診断名と明快な治療方法をなかなか提案しにくいのが実情です。

内耳にトラブルがあるとふらふらする

イヌが内耳になんらかのトラブルをかかえると、首が大きく傾き、眼球が水平にせわしなく往復運動します。明らかにイヌがふらふらしていたら、すぐ動物病院へかけつけてください

37 まだあるさまざまなトラブル
—愛犬の無言の訴えを見逃さないように！

ここまで解説してきたシグナル以外にも、異常をかかえたイヌは、さまざまなシグナルをだして飼い主にアピールしています。代表的なものを紹介していきましょう。

体をかく

イヌが体をかく場合、皮膚炎があれば原因を調べて治療しますが、外見上は特に異常が見あたらないのに、やたらかゆみを訴えている場合があります。皮膚炎もないのに、体の特定の部分をひたすらなめたり、かじったりして毛がすり切れ、皮膚が赤くなるのですが、かゆいからなめているのではなく、なめすぎて皮膚が損傷してかゆいのです。この場合は、首の周りにつけるエリザベスカラーで物理的に強制保護すると治っていきます。

このような症状は、ストレスが原因かもしれません。気分を落ち着かせるために、延々と四肢をなめるイヌや、なめていると飼い主が止めにくるので、かまってもらうためにわざとなめるイヌもいます。炎症がない、軽いのに異常にかゆがる場合は、情緒面でなにか問題がないか考えてください。なおストレスは、もともと存在する小さな皮膚炎を悪化させる要因でもあります。

お腹が張ってきた

単純に肥満ならまだマシなのですが（本当は肥満もダメです）、背中はゴツゴツしているのに、お腹だけパンパンに張ってくることがあります。これは、栄養障害や循環障害による腹水貯留《ふくすいちょりゅう》（お腹に水が貯まること）や、子宮蓄膿症《しきゅうちくのうしょう》、内臓由来の大型腫瘍、異常な宿便などが考えられます。

やっかいなことにこの症状は、原因となっている病気が相当進行してからでてきます。この症状にあわせて、呼吸が苦しくなったり、摂食量が落ちたりして、ようやく飼い主が「なにかおかしい!?」と、病院につれてくるケースがほとんどです。

特に毛が長くてモコモコの犬種の場合、お腹の出っ張りを見落としがちですので、見た目だけでなく、正常なときからまめにお腹を触って感触を覚えておきましょう。腹水の場合は、肉が詰まっている肥満と異なり、軽くたたくと「タプン、タプン」と波を打つ感触があります。また、前肢をもって立たせると、ふくらみが

お腹が異常にふくれてくるのは危険信号！

背中はガリガリなのに、やたらとお腹がでてきたときは要注意。肥満よりも重大な一刻を争う事態です。毛が多い犬種は見落としがちなので触って確認しましょう

より下腹部に片寄ることもあります。明らかにお腹が張っているのに放置すると、ほとんどの場合、数週間〜数カ月で死に至ります。すぐに獣医の診察を受けましょう。

✺多飲多尿

多量に尿がでてしまう原因は、腎臓機能の低下、子宮蓄膿症、ホルモンの異常、糖尿病、電解質の異常などが考えられます。すべてに共通するのは、飼い主が飲む水の量を適当に制限してしまうと、すぐに脱水を起こして死につながるという点です。ですから与える水を制限することは、絶対にしてはいけません。

なお、多飲多尿に気がついたら、動物病院にくる前に「自由に飲ませたらどのぐらい飲むのか」を、先に量ることをおすすめします（かならず聞かれます）。めんどうかもしれませんが、水を与えるときと回収するとき、キッチン用の計りで、飲み水の器の重さを量るなどすればOKです。ちなみに、治療が始まってからも、治療の効果がどの程度でているのかを見るために、飲み水の量の変化を観察してもらうことがあります。

多飲多尿は、症状がジワジワと進行することが多く、よほど注意していないと見逃します。ときどきは、イヌがどれくらいの量の水を飲んでいるか確認しておきましょう。世話係が決まっていれば飲水量の変化に気がつきやすいのですが、複数の家族が交代で水を与えていると見落としがちなので要注意です。

✺においあれこれ

動物は獣臭がするものです。もちろんイヌもそうです。体臭の変化は、皮膚のコンディションを知る有効なシグナルです。飼い主は、こまめに耳や体全体に顔をうずめて、においをかいでください。目では見落としがちな皮膚トラブルを、においで発見することはよくあります。耳、足の先、肛門付近は、もともとにおいが濃いところで、同時に炎症が多いところなのでよく見ておきましょう。獣臭がきつくなる変化はほとんどの場合、初期の皮膚炎を示しています。また、尿のにおいから病気がわかることもあります。例えば、細菌感染性の膀胱炎は、繁殖した細菌のせいで薬っぽい妙なにおいがします。

くれぐれも、イヌの獣臭を消そうと必要以上に洗ったり、香水をつけるのはやめてください。このような行為は、イヌの負担になるだけです。洗いすぎは皮膚炎とストレスのもとです。また、イヌの嗅覚はケタ違いに人間よりすぐれているうえ、「よいにおい」の感覚も人とイヌではまったく違います。わが家のイヌは、近所のゴミ捨て場のにおいがたまらなく好きでしたが、花壇の花の香りは完全にスルーでした。

水を与える前後で重さを量る

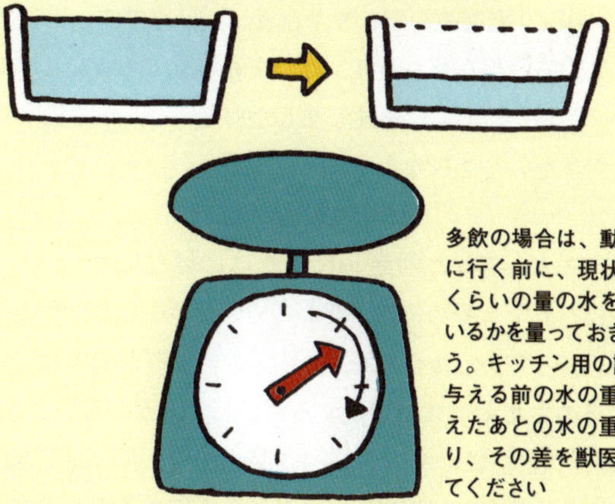

多飲の場合は、動物病院に行く前に、現状でどのくらいの量の水を飲んでいるかを量っておきましょう。キッチン用の計りで、与える前の水の重さと与えたあとの水の重さを量り、その差を獣医に伝えてください

イヌは骨折しても おとなしくしていない
—意外なところでケガをするイヌ

「骨折」はイヌのケガのなかでもやっかいなトラブルの1つです。人なら、おとなしくしていればくっつくような単純な骨折でも、イヌはおとなしくしないからです。骨折した部分を動かさなければ1カ月程度で癒合するものが、何カ月もかかってしまうこともよくあります。これを「骨《こつ》癒《ゆ》合《ごう》不《ふ》全《ぜん》」といいます。

骨折の原因で多いのは、抱いていて落とした、というケースです。特に「抱っこが嫌いで暴れるイヌ」と「イヌをうまく抱えられない子供」のセットが危険です。イヌが上へ上へともがいたあげくに子供の肩を越えて、背中側に落ちるのが定番です。子供に「抱っこしないで」といってもいうことを聞かなければ、**座って抱っこするように**いいきかせましょう。子供が座った高さからの落下であれば、骨折するケースは減ります。また子供が抱えきれなくなったら、床に1度おろして、やり直せばいいのです。次に多いのは、イヌが階段から落ちたり、外で交通事故にあったりするケースです。これについては前述しましたので、しっかり危険管理していただきたいところです。

✹ 人よりもがっちりと固定しなければいけないが……

骨折は折れても骨の位置が変わっていない場合と、骨の位置がずれてしまっている場合があります。骨の位置が変わっていなければ、そのままギプスで固定するなどして動かさないようにし、「自然癒合」(自然にくっつくこと)を待ちます。骨の固定方法はいろいろあり、骨折の状況によって最適な手段を選択します。しかし骨の位置がずれてしまっている場合は、正しい位置に戻して固定する必要があります。しかも骨の周囲の筋肉には常に張力(引っぱる力)がかかっているので、単純にずれを戻しただけでは、正しい位置を維持できないことが多々あります。

こうした場合は、人の骨折整復手術と同じように、ピンを入れたり、ワイヤーやボルト、プレートで固定したりといった方法がとられます。しかしこれらは金属製なので、小さいものだと力に負けて曲がってしまったり、大きなものでも手術後に運動をされたりすると、金属疲労で破断します。

人は、「放っておいてもずれない程度の最低限の固定」でよいのですが、イヌは「本人がちょっとぐらい暴れてもずれない、折れないがんじょうな固定」を必要とするのです。

子供に抱っこさせるときは座らせる

子供が立って抱くと、イヌがあばれたときに落ちることがあります。座ってあぐらをかかせて、その上で抱かせると事故を減らせます

ところが、骨というのはなかなかデリケートで、がっちり固定すると外部からの力学的な刺激を受けなくなります。すると、体はこの骨をいらないものだと勘違いし、つなぎ合わせたはずの骨が溶けてウェハースのような残骸になってしまうことがあります。また、固定のために打ったピンやワイヤー、ボルト、プレートが周囲の血流を大きくじゃましているときも、骨の再生は遅れます。がっちり固定しようとするほど、裏目にでるという悪循環です。なかなか癒合しないのを待っているうちに固定具が金属疲労で折れ、再手術。しかも骨は最初よりもろくなっているうえに、最初の手術で開けた穴もあり、再手術しにくい……というケースもあります。

✹最近は新しい治療方法も

従来の治療方法ではうまくいかない骨折の症例は、ほかの方法を導入して対応している病院もあります。「創外固定」といって、骨を操るためのピンを垂直に何本も打ち、そのピンを体の外で固定する方法です。また、骨折部に骨髄を移植したりして、再生のための活力をテコ入れする方法もでてきました。ただしこれらの高度な固定方法は熟練が必要なうえ、患部が化膿しやすかったり、創外に飛びだしている固定具をイヌが壊したりするリスクもあります。ほとんどの場合は古典的な固定方法で解決できますが、難航するようであれば、骨外科にくわしい獣医や高度医療病院を紹介してもらいましょう。

✹なんでもかんでも手術をすればいいわけではない

人の場合は骨折前の状態に戻すのが目標ですが、動物の場合は、最終的に快適に生活できることが目標です。たとえ骨が曲がってくっついたとしても、そこに十分な強度があり、イヌ自身が苦痛を感じていなければ、曲がったままでいいこともあります。患部を切開して大がかりな固定手術をほどこし、イヌに負担を与えるよりは、多少バランスが悪くてひょこひょこと歩くことになったとしても、そのほうが総合的なダメージと危険が少ない、と判断するわけです。

また、交通事故などでひどい複雑骨折をした場合は、修復が極めて困難です。おおざっぱにピンを通すだけの手術をして、細かい微調整はせず早期の癒合を待ったり、患部をギプスで丸ごとぐるぐる巻きにするだけのときもあります。特に老犬や持病のあるイヌは麻酔をかけたときの危険が大きいうえ、治癒再生能力も落ちています。やたらに手術をするのではなく、治療による到達目標をどこにおくのかを、獣医とよく話し合ってください。

レントゲン写真

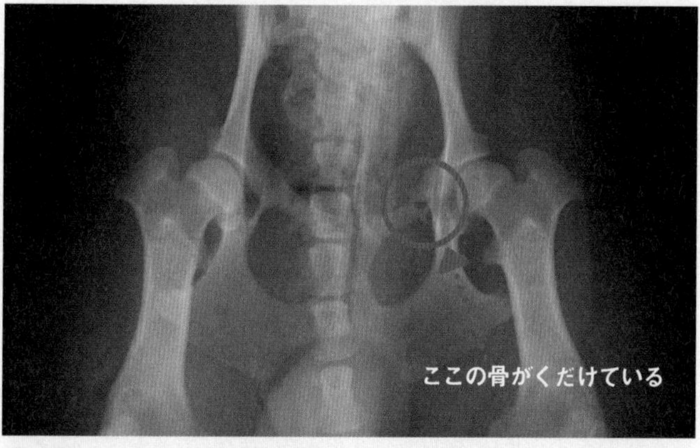

骨盤骨折したダックスフンド（2歳）のレントゲン写真。人と違って安静にしてくれないので、なかなか治らないこともあるのが難しいところです

39 かかりつけ医の定期検診で早期発見

—1年に1回でも、人でいえば4年に1回

人と違って自分の病状を説明できないイヌは、どうしても異常の発見が遅れます。この遅れを減らすには、信頼できるかかりつけの獣医を見つけて、こまめに調子を見てもらうことです。飼い主の観察で特に目立った不調がなくても、たまには専門家である獣医につれていくのが重要です。病院に連れてきてくれれば、耳の掃除や、簡単な身体検査をしながら、**飼い主と雑談する過程で、思いがけない病気を早期発見できることも多い**のです。

若くて病歴がないイヌなら、神経質にならなくてもいいのですが、中高年以降のイヌであれば、1～2カ月に1度くらいは顔を見ておきたいものです。余談ですが、獣医は不調を訴えて来院したイヌに対して、その主たる不調だけを治療して帰すのではなく、飼い主も気がついていない問題を見つけだす努力をしています。

しかし、病院が忙しいときは、それがおろそかになる可能性がありますので、はっきりとした不調があるわけではない、軽い体調検査の通院時は、比較的病院が空いている時間帯に通院するのがいいでしょう。

イヌにも「定期検診」のススメ

そしてできれば、多くの人が毎年、「定期検診」を受けるのと同じように、イヌにもきちんとした定期検診を受けてもらいたいのです。イヌの時間は「ドッグ・イヤー」といわれるくらい、人より早く進みます。具体的には、「**人の4倍の速度**」で流れていると考えられます(付録04参照)。1年に1回の検査でも、人に置き換え

れば4年に1回にすぎないのです。たとえば、「70歳の人が次に検査を受けるのが74歳」と仮定した場合、間が開きすぎと感じる人が多いでしょう。毎年、イヌに定期検診を受けさせるのは決してやりすぎではありません。定期検診は通常、血液検査と体幹部のレントゲン写真撮影です。この2つであらゆる病気を発見できるわけではありませんが、なにもしないよりはるかに安心です。

イヌが2〜3歳を超えたあたりからは、若くて健康な時期のデータを取っておくという意味も込めて、定期検診をおすすめします。健康なときのデータがないと、歳をとってから複雑な問題を抱えてしまった際、いきなりいくつも異常が見つかってしまい、どれがいまの不調にいちばん関係が深いのかが、わからないことがあるのです。人の「母子手帳」のように「**愛犬手帳**」を用意して、獣医から渡されるデータを貼りつけて保存しておけば、いざというときにすぐ見返せて便利でしょう。引っ越しなどで、歳をとってからかかりつけの獣医を変えたときにも役立ちます。

愛犬手帳に書くべきこと

- 生年月日
- 体重の推移
- ワクチン接種日とその銘柄
- 大きな体調トラブルがあった場合は、その日付と大まかな経緯、使った薬の名前、かかった病院名
- 持病治療として継続して飲んでいる薬の名前と量
- 健康診断などの検査データ

愛犬手帳は、動物病院やペットショップでサービスとして配られることもありますが、なければふつうの小さなノートでOKです。上記の項目は、同じ病院にかかり続けていればカルテに記入されているはずの内容ですが、転院や旅行先での急病などで、それまでの履歴がわからない獣医が診るときに必要な情報です

イヌにワクチンを接種させる理由
―混合ワクチンは種類が多ければいいというわけではない

「ワクチン」の予防接種は、病原体を弱くしたものや、病原体を砕いた破片などを体内に注射し、体内に「抗体《こうたい》」をつくるためのものです。ワクチンによって、あらかじめ体に抗体が用意されていれば、**本物の病原体がやってきたときに、すばやくフルパワーで戦える**のです。このシステムを「免疫」といいます。

生まれたばかりのイヌは抗体がないため、免疫が弱い状態です。哺乳類の母親は、生まれる前は胎盤から、生まれたあとは初乳から抗体を子供に送ります。これを「移行抗体《いこうこうたい》」といいます。イヌの場合は、ほとんどの移行抗体を初乳に頼っています。初乳がでる時期は出産後1〜2日と短いものですが、生まれたばかりの子犬はこの初乳を飲んで、とりあえずもらいものの抗体を確保します。初乳を飲むことで獲得した抗体は、その後約2カ月間持続しますが、その後は消失するので、今度は自分で抗体をつくらなくてはいけません。自然界ではこのタイミングで、多くの子供が病気に負けて死んでいきます。

初乳でもらった抗体がなくなるタイミングで接種

つまり、人が飼っている場合は、このタイミングですかさずワクチンを打ち、病気に負けない力を与えるのです。あまりワクチンの接種が早いと、初乳でもらった抗体が代わりにワクチンと戦ってしまい、本人の免疫を十分に鍛えられません。そのため、通常は約2カ月(約8週)たってからワクチンを接種します。ただし母親に捨てられたイヌや、母親の母乳分泌不全などにより初乳を飲めていない子犬の場合は、もっと早く打つこともあります。

さらに、1カ月ぐらいあけて2回目（約12週目）、3回目（約16週目）を打ちます。これは、免疫力が低い段階からスタートするため、1回だけでは十分な効果を期待できないためです。短いサイクルで重ね打ちすることでより高い効果を狙うもので、「ブースター効果」「追加免疫効果」と呼ばれています。そのほか、移行抗体が体内に残っている可能性も考慮しています。そしてその後は、1年に1回、追加接種して免疫を維持していくのが一般的です。

ワクチンは本当に毎年打たないといけないのか？

ワクチンは、1年に1回追加接種をするのが一般的といいましたが、これに疑問をもつ飼い主も少なくありません。ワクチンは、効き目にかなり個体差があります。ワクチンがよく効くイヌは、おそらく3年に1回の追加接種でも問題ないと考えられています

狂犬病ワクチン

必須

狂犬病ワクチンはいくつかのメーカーからでていますが、どれも狂犬病のみに対応する単味ワクチンです

混合ワクチン

任意

メーカーは、配合されているワクチン数、株の特性などに独自技術を用いていますが、ワクチンの強さと安全性の両立は困難なようです

混合ワクチン接種の流れ

約2カ月　約1カ月　約1カ月

移行抗体 ▶ 混合ワクチン（1回目） ▶ 混合ワクチン（2回目） ▶ 混合ワクチン（3回目）

が、その半面、ワクチンが効きにくいイヌもいます。効きにくいイヌには、ワクチンを毎年打たなければだめなケースもあります。
「では、ワクチンがよく効くイヌはもっと接種のサイクルを伸ばしてもいいのでは？」と不思議に思う方もいるでしょう。もっともな疑問です。しかしその「効き目が残っているかどうかの測定」、つまり「抗体価の測定」には費用がかかります。しかも、測定は数カ月に1回は測りなおしてグラフをつけ、許容下限を割りそうになったら再接種、という段取りになります。結局、ものすごく手間がかかってしまうわけです。とはいえ、検査もせずに適当に接種のサイクルを伸ばせば、抗体がなくなり、十分な免疫がついていないイヌが増えてしまいます。
確かにワクチンの副作用で体調を崩すイヌもいます。ワクチンの副作用というリスクを最低限にし、なおかつワクチンの効果を最大限に利用するには、ある程度コストをかけて抗体価をこまめに測定するしかないでしょう。なお、動物病院に入院する際や、ペットホテルやイヌ用の施設を利用する際、これらの施設から「ワクチン接種証明書」の提示を求められることもあります。これらの施設は、伝染病の持ち込みを絶対に避けたいので、ワクチン接種証明書のないイヌを受け入れないところも多いようです。

✹混合ワクチンは数が多ければいいというわけではない

イヌのワクチンは当初、配合数が少ないものから始まりました。現在では7～9種の混合ワクチンが主流です。混合ワクチンは1回の注射でたくさんの病気を防げますが、その一方でアレルギー反応など副作用の確率もやや高く（初期のものよりは大幅に改善されていますが）、値段も高くなりがちです。
ワクチンは「たくさん混合されているからいい」というわけでは

なく、接種するべきワクチンはイヌが住んでいる地域で蔓延《まんえん》している病気によっても異なります。獣医によっては、ワクチンのデメリットを考えて、**あえて5種混合ワクチン程度にとどめている**方もいます。

また、同じ5種混合でもいくつかの製品が存在しますが、高い効果をもつものほど、副作用もでやすいようです。もっとも、致命的な悪影響をおよぼす危険な製品は流通していませんので、自分が飼っているイヌにアレルギーがでないワクチンであれば、それを利用し続けるのが比較的安全です。また、血縁犬の情報などから、特定のワクチンを指定して接種したい場合は、病院に在庫があるか先に聞いておきましょう。すべてのワクチンをもっている動物病院は少ないはずです。もちろん、どのワクチンを使用するかは、かかりつけの獣医と相談して決めてください。

混合ワクチンの内訳

1	ジステンパーウイルスワクチン	
2	アデノウイルスⅠ型ワクチン	
3	アデノウイルスⅡ型ワクチン	……▶ 5種
4	パラインフルエンザウイルスワクチン	
5	パルボウイルスワクチン	
6	コロナウイルスワクチン	……▶ 6種
7	レプトスピラ病ワクチン❶	……▶ 7種
8	レプトスピラ病ワクチン❷	……▶ 8種
9	レプトスピラ病ワクチン❸	……▶ 9種

特定の犬種でよく見られる病気
―交配の範囲が狭い犬種は遺伝病に注意

「純血種」とは、人が長い間かけて品種改良してきた人為的な作品です。望ましい特徴をより伸ばし、安定させるためには、狭い血縁内での交配が繰り返されます。その結果、ほしかった特徴だけでなく、よくない特徴も定着してしまうことがありました。外見からわかるような不具合は、その都度交配対象から外されてきましたが、先人たちは内部に潜む病気因子には気がつかなかったのでしょう。現代医学では、純血種には多くの特徴的な弱点があることがわかっています。今日のさまざまな犬種は、みな特定の目的に合わせて改良されたものです。イヌは支配者である人の好みに合わせて変化を重ねてきました。しかし、**人に望まれて身につけた特徴が、健康上の弱点であることは多い**のです。

右ページの表に犬種ごとのかかりやすい病気を列挙しました。私が診療している埼玉県では、中型以下のイヌが一般的ですが、特筆すべきはミニチュア・ダックスフンドやウェルシュ・コーギー・ベンブロークなど腰が長いイヌのヘルニア、小型犬の水頭症と関節疾患、ミニチュア・ダックスフンドやミニチュア・シュナウザーの免疫異常、マルチーズとキャバリアの高齢期心臓疾患、フレンチ・ブルドッグなど短吻種の呼吸困難と皮膚疾患といったところです。

もちろん、イヌによってかかりやすい病気があるといっても、年がら年中、発病しているわけではありませんが、純血種を飼いたい人、飼っている人は、「もしかしたらこういう病気にかかるかもしれない」という心の準備はしてほしいところです。

純血種とは?

「柴」は、人気が高い日本古来の純血種の1つですが、かかりやすい病気もあります

純血種に多いとされる病気

プードル(トイ、ミディアム、ミニチュア、スタンダード)	関節	皮膚		
チワワ	水頭症	関節	気管虚脱	心臓
ダックスフンド(ミニチュア、カニーンヘン、スタンダード)	椎間板ヘルニア	免疫異常		
ポメラニアン	関節	水頭症		
ヨークシャー・テリア	関節			
パピヨン	関節			
シー・ズー	皮膚	角膜外傷		
フレンチ・ブルドッグ	脊椎形成異常	難産		
柴	皮膚			
ミニチュア・シュナウザー	免疫異常	関節	皮膚	
マルチーズ	心臓	関節		
ウェルシュ・コーギー・ペンブローク	椎間板ヘルニア			
パグ	皮膚	角膜外傷	関節	

※犬種の順番はジャパンケネルクラブが公開している2008年の「犬種別犬籍登録頭数」(http://www.jkc.or.jp/modules/publicdata/)の順位

❋血筋が原因の遺伝病にも注意

犬種好発性の病気は仕方がないとしても、特に発生確率の高い「血筋」というものがあります。海外では、飼い主がイヌを購入したあと、そのイヌに問題が見つかった場合、親にそのことを知らせてそれ以上繁殖させないようアドバイスをすることもあるようです。しかし、日本では問屋を経由しているうちに、出荷元のブリーダーと連絡がとれなくなってしまいます。ジャパンケネルクラブが、最近これを防ぐ試みを始めたようですので、うまくいけば、血筋を原因とする病気の発生は減っていくかもしれません。

また、イヌをブリーダーから直接購入する場合、そのイヌの親や兄弟に病気が出ていないかを事前に聞くといいでしょう（一般のペットショップでは難しいかもしれませんが）。一部のブリーダーは、遺伝病があるのを知りながら繁殖させていることもあるので注意しましょう。

なお、雑種犬は広い血統範囲で交配しているため、遺伝性と思われる特別な病気はありません。頑健なイヌを飼いたければ、雑種にまさるイヌはありません。

❋希少な品種はそれにくわしい獣医を

動物病院を訪れるイヌの種類は、地域によってかなり差があります。都心部はマンションで飼える小型〜中型犬が圧倒的なうえ、マイナーな犬種を好んで飼う人もいます。都心部から離れるに従って、大型犬と雑種犬の比率が増えていき、地方になると雑種がほとんどです。

日本であまり多く飼育されていない犬種だと、獣医のほうも目にする機会が少ないのが実情なので、飼う前にその犬種にくわしい獣医が近所にいるか確認しておくのも重要です。

最近の人気犬は？

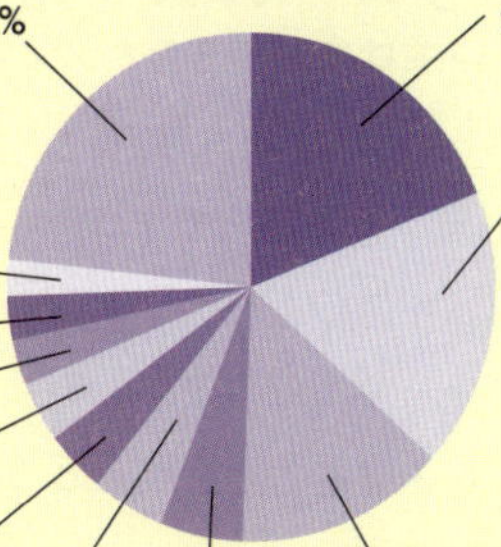

最近の一番人気は「チワワ」のようです

順位	品種	頭数	割合
1位（2）	チワワ	12,666	18.9
2位（3）	トイ・プードル	11,911	17.7
3位（1）	ミニチュア・ダックスフンド	9,370	13.9
4位（4）	柴	3,721	5.5
5位（-）	混血犬（体重10kg未満）	3,286	4.9
6位（7）	ポメラニアン	2,711	4
7位（5）	ヨークシャー・テリア	2,530	3.8
8位（6）	パピヨン	1,935	2.9
9位（8）	ミニチュア・シュナウザー	1,899	2.8
10位（9）	フレンチ・ブルドッグ	1,524	2.3
11位以下	その他	15,617	23.3

※（）内は昨年の順位
※2008年4月1日～12月31日に「どうぶつ健保」に加入した0歳のイヌ、67,170頭を集計

出典：アニコム損害保険「人気犬種ランキング2009」（一部改変）

正しいしつけでメンタルヘルスを確保

—飼い主は常にイヌのボスでなければならない

イヌは「群れ社会」をつくる動物です。野心と体力のあるイヌはほかのイヌを威圧し、ボスの座につこうとしますし、気弱なイヌは流れに身を任せて下っ端となります。それぞれが自分のポジションを確認し、それにふさわしい態度をとろうとし始めるのが生後1〜2カ月ぐらいからです。

そしてこの時期の接し方を間違えてしまうと、問題行動を起こしやすい性格になりやすいのです。おだやかで無邪気な下っ端タイプのイヌは、友人のように扱っても特に増長せずかわいい愛玩犬になりますが、それ以外のイヌは問題です。

飼い主とイヌの力関係は、とても大事です。**飼い主はイヌのボスでなければなりません。**特に野心的なイヌに対しては、毅然とした態度で接する必要があります。飼い主は、物事の主導権を常に握り、アメと鞭を使い分けなければならないのです。むやみに甘やかすと「分離《ぶんり》不安《ふあん》」や「権勢症候群《けんせいしょうこうぐん》」に陥りやすく、逆に理不尽に厳しいと、急にキレる不安定なイヌになりやすくなります。

❶ 分離不安

分離不安は、イヌが飼い主のことを溺愛して離れることががまんできない状態です。留守になるとひょう変し、周囲のものを破壊したり、吠え続けたりします。飼い主が甘く接しすぎている場合もあれば、生まれもってのイヌの性格であることもあります。番犬として屋外につながれていた昔とは違い、いまのイヌは屋内で暮らすことが増えてきました。昼間は家人が留守になる家庭もあるとはいえ、人とべったりいっしょに暮らすようになったことで、最近増えています。

❷ 権勢症候群（アルファシンドローム）

権勢症候群は、自分が群れのトップでないとがまんできない状態です。イヌは飼い主を自分の手下のように思っているので、なでてもらっているときはよい子に見えますが、飼い主がなにかを怒ると、猛然とはむかってきます。イヌにしてみれば、下克上が起こったと感じているのでしょう。ちなみに「アルファ」は「1番目」という意味で使われています。

イヌのほめ方・しかり方

イヌの情緒を安定させるには、正しいほめ方・しかり方が欠かせません。イヌがよいことをしたときは、しっかりとほめてください。ただし、ほめるときに食べ物は必要ありません。イヌはス

お仕置きの表現方法

イヌを動かないようにする「保定」の基本姿勢は、同時にしつけのための束縛のポーズでもあります

小型犬であれば、首の皮をつかんでそのこぶしを床に押しつけてください。あきらめて力を抜いたらOKです

キンシップだけでも十分幸せです。

イヌが悪いことをしたときは、その場ですぐに怒ってください。怒るときは“現行犯”でないと通じません。イヌはしばらく経ってから怒られても、なんのことかわからないのです。怒る理由も理にかなっていなければなりません。また、イヌが同じことをしたときに、飼い主のそのときの気分で怒ったり怒らなかったりするようなぶれがあってもだめです。

そしていちばん大事なのは、**イヌに伝わる方法で表現**することです。飼い主にはむかった場合のお仕置きは、打撃ではなく、取っ組み合いで解決してください。イヌ同士がケンカで争うように、最後はイヌを床にねじ伏せて、相手の目をにらみながらドスのきいた声で「いましめの決まり文句」(ダメ！　ノー！　イケナイ！など) をあびせてください。イヌが理解できないお仕置きを延々と続けたあげく、「先生、うちの子はバカなのかしら？」との相談を受けることがしばしばありますが、イヌがバカなのではなく、単純に伝わっていないだけなのです。

よい子にしていたらたっぷりほめてもらえる、悪いことをしたら怒られる、はむかったら戦いになって、戦ったら絶対に負ける……こういうわかりやすい仕組みを繰りかえすうちに、だんだんと学習して従い始めるのです。イヌは、公明正大で強いボスが好きです。なぐったり、けったりするのは、自然界に存在するお仕置きではないのでおすすめできません。イヌは「なんだかボスが荒れているな……」とは思うかもしれませんが、自分の行為が責められているとは思っていません。

かつて虐待、もしくはしつけのつもりで体罰を与えられたイヌは、獣医が診察で手を伸ばすと、ひどくおびえてビクビクします。おそらく上からゲンコツか棒で殴られていたのでしょう。そしてちょっと油断するとその手に猛然と噛みついてきますが、そういう姿を見るのは悲しいものです。

家庭内での禁止事項を覚えさせるには「天罰」作戦

飼い主への反抗ではなく「つまみ食いをさせない」「入ってはいけない場所を教える」といった家庭内での禁止事項を覚えさせる場合は、飼い主が処罰を与えていると「飼い主がいないときならOK」と誤解されがちです。こういうときは、テーブルの端や台所の入り口に両面テープを貼っておき、前足をかけたとたんにベタベタしてびっくりするなどの仕掛けを用意しておきましょう。飼い主がいる・いないに関係なく「天罰が下る」と思わせるように誘導すると、留守中や目を離している場合でも強制力を維持できます。

天罰作戦

飼い主がいてもいなくても、「そこに進入する→不快な思いをする」を繰り返せば、いずれ学習します。たとえば、台所の入り口に両面テープを貼っておけば、前足をかけたとたんにベタベタしてびっくりします

人畜共通の感染症に注意
―イヌに素手で触ったらかならず手を洗う

「人畜共通感染症」（ズーノーシス）は、人と動物の両方に感染する病気を指します。最近では「畜」の文字が産業動物だけをイメージさせるとして、家庭愛玩動物を含めるために「人獣共通感染症」という言葉で表現されることも多いようです。人畜共通感染症は、ウイルス、細菌、真菌、寄生虫などによって引き起こされ、「狂犬病」のように感染後、いったん発症すると100％死亡する恐ろしいものもありますが、たいていは病院で治療すれば治ります。とはいえ、抵抗力の低い老人や幼児はうかつにケガをしないよう注意してください。

感染経路はたくさんあります。かまれた傷などからの「外傷感染」、健康な皮膚を突破されてしまう「接触感染」、汚染物を摂食したり、汚染された手で物を食べたり、タバコを吸ったりすることでの「経口感染」、空中を舞う病原体を吸い込んでしまう「空気感染」、蚊やダニが媒介する「ベクター感染」があります。

いちばん問題なのは外傷感染と経口感染

外傷感染は動物にかまれたり、引っかかれたりすることで起こる感染です。動物の口や爪にはいろいろな雑菌が数多く存在しており、傷が小さくても油断できません。屋外で飼っているイヌはもちろん、屋内で飼っていても、散歩のときにうつされているかもしれないので、同等の菌をもっていると考えるべきです。イヌ由来の外傷感染でもっとも有名なものが狂犬病でしょう。狂犬病は日本において根絶状態にありますが、海外では蔓延している国もあります。旅行者がときどき海外で感染、帰国後に発症して亡くなっているので、事前に「厚生労働省」のウェブサイト（http://www.mhlw.go.jp/）などで調べておきましょう。

狂犬病ほど致命的でなくても、「猫ひっかき病」（イヌからもうつる）のように、ニュースにもならないような感染症もあります。たいていは傷の痛みや炎症、リンパ節の腫れや発熱という初期症状がありますが、特徴的なものではないので、もし、ふつうの傷ではないと感じたら、病院（もちろん人の）で診察を受けるようにしてください。

経口感染は、イヌを触ったあとやうんちの処理のあとに手を洗わなかったり、口移しで食べ物を与えたりすることが原因で発生します。病原体は肉眼で見えないので油断しがちですが、ふだんからこまめに手を洗い、口移しで食べ物を与えることなどはやめましょう。

ほとんどの人畜共通感染症は、きちんと対策すれば防げます。

狂犬病とは？

狂犬病ウイルスに感染、発症したイヌ。発症したら、イヌはもちろん人も助からない恐ろしい病気です

写真協力：CDC

近年の狂犬病の発生状況

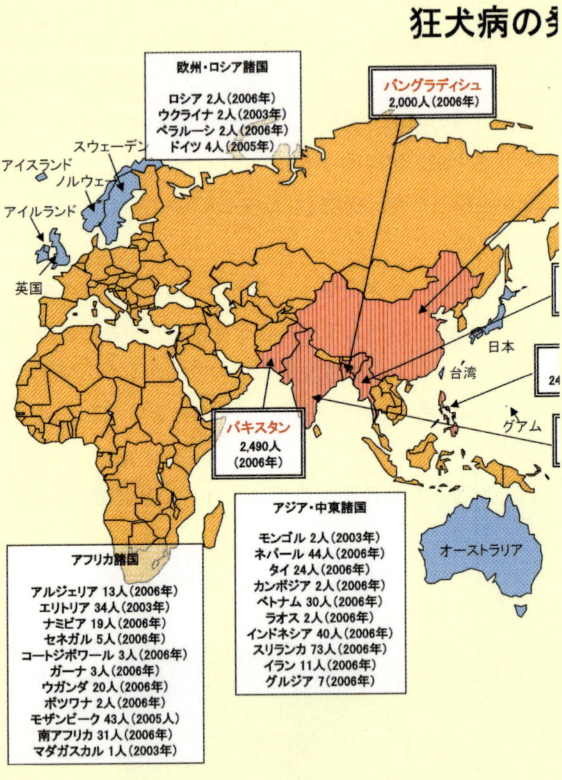

また、感染しても適切に対応すれば被害を抑えられます。しかし「エキノコックス症」や「Q熱」のように、イヌには無症状なのに人に感染すると重い病気となるものもあります。人の病院へ行ったときには、飼っているペットの情報も忘れずに医師に伝えて検討してもらいましょう。最後に、診察の現場で話題になる人畜共通

全世界で見ると、狂犬病が撲滅されているのは日本や北欧などほんの一部です。アジアを中心に、まだ世界中で死者をだしています

写真協力：CDC

病の発生状況

厚生労働省健康局結核感染症課(2007年11月更新)

感染症をいくつか説明しておきましょう。一覧表も載せておきます。なお、よりくわしい情報は、環境省の「人と動物の共通感染症に関するガイドライン」(http://www.env.go.jp/nature/dobutsu/aigo/2_data/pamph/infection/guideline.pdf) をおすすめします。

・レプトスピラ症

大部分の哺乳類が感染し、腎臓にとどまって菌を尿の中に排出します。そのため、電柱にかかった感染犬の尿をかいだり、汚染された水場へ入ったりすると感染します。ワクチンはありますが、型が多いためすべてには対応できていません。不用意に水場に入らないようにしましょう。

・イヌブルセラ症

イヌや豚、やぎ、牛に感染するタイプが存在します。メスは不妊、流産、死産、オスは精巣の炎症を起こします。人への感染例はあまり聞きませんが、唾液や尿、血液、精液からの伝播があるようです。抗生物質を投与しますが、完治せずに再発することがあります。近年はブリーダーやペットレンタル業者の施設で散発的に流行することがあり、特に粗悪な環境で大量飼育をしているような業者での大量発生が、しばしば問題となっています。また破綻した業者の犬舎から見つかった陽性犬の処遇をめぐり、行政と民間団体の間でもめごとも発生しています。きちん管理されていればまずお目にかかることのない病気ですが、症状が現れていないイヌも潜在的にいると思われるので、心配な人は動物病院でイヌの血液を検査してください。自分のイヌが感染業者の出身かもしれない場合も、調べておいたほうがよいでしょう。

・回虫・条虫

回虫は、イヌがほかのイヌの便のにおいを嗅いでいるとき、口に誤って入ります。条虫はノミを噛みつぶしたとき、その中に入っている幼虫が口に入ります。イヌに対しても人に対しても同じように感染するので、イヌを汚いものに近寄らせない、ノミは爪でつぶさずにセロハンテープに封入するなどの対策で防げます。親回虫は便に混ざってたまにでてきますが、条虫はメロンの種のような体節なので見落とさないようにしましょう。乾燥しないようにラップで包んでもってきてくれれば、獣医が顕微鏡で判断します。なるべく定期的な検便もしましょう。

・ノミ・ダニ

昔ほど不衛生ではないので、人がやたらと刺される例は減りました。しかし、イヌが被害を受けているのに気がつかず、いっしょに暮らす家族があちこち刺されてからあわてて来院する方もいます。イヌにはきちんとノミやダニの駆除薬をつけましょう。

イヌ由来の人畜共通感染症

病名	主な感染経路
人に対して危険性が高い	
エキノコックス症	経口感染
狂犬病	外傷感染
Q熱	経口感染
レプトスピラ症	経口感染
要注意	
イヌブルセラ症	経口感染
犬糸状虫症(フィラリア)	ベクター感染(蚊吸血)
エルシニア症	経口感染
カンピロバクター症	経口感染
猫ひっかき病	外傷感染
パスツレラ症	外傷感染
カプノサイトファガ症	外傷感染
ライム病	ベクター感染(ダニ吸血)
バベシア症	ベクター感染(ダニ吸血)
皮膚糸状菌症	接触感染(抗力低下時)
イヌ・ネコ回虫症	経口感染
ノミ・ダニ	外部寄生虫

参考：環境省「人と動物の共通感染症に関するガイドライン」

この表以外にも、サルモネラ菌などイヌだけに限らない食中毒菌などが存在します

Column

どうすればいい？ ペットロス

日々診察していると、屋内飼いのイヌが増えていると実感します。いまのペットとしてのイヌは家族の一員になっていると、ひしひしと感じます。しかし、イヌも生き物である以上、かならず死を迎えます。そして、ペットを家族の一員と考える人が増えるにつれ、その死によるショックも大きくなります。生前、そのイヌに入れ込んでいるほど、飼い主は深いノイローゼ状態に陥ります。これを「**ペットロス**」といいます。多くの場合、いずれは時間が解決するのですが、**解決までに心身に大きなダメージを負う**ことがあります。そんなペットロスによるつらさを少しでも軽減するために……本当に少ししか軽減できないかもしれませんが、事前にしておくといいこと、事前に考えておくといいことをご紹介します。

多頭飼いにする
現実問題として、1頭が0頭になるショックよりは、3頭が2頭になるショックのほうがまだ軽いものです。

「やり残し」を減らす
死期が近いと思われる場合はもちろん、ふだんから「明日はもういないかも」と思ってください。突然くる別れもあります。

周囲の人に徹底的に聞いてもらう
信頼できる人に話を聞いてもらうと、心の落ち着きを取り戻せることがあります。聞いてもらうだけでいいのです。

仕事などに没頭する
とにかく立ち止まらないことです。立ち止まってしまうと、どうしても思いだして考えてしまいます。

次のペットを早めに飼う
先代を裏切るように感じるかもしれませんが、新しい命とふたたび生活することは、落ち込んだ心を紛らわせてくれます。

飼い主に愛されながら亡くなったイヌは、あなたがそのまま心の闇に沈んでいくのを望んでいるわけがありません。失意から立ち直ることが、最後にしてあげられる手向けです。

第5章

老犬と幸せに暮らす知恵

老犬の衰え❶ 関節、骨、筋肉
—できるだけ歩かせて筋肉の衰えをゆるやかにする

まずは、関節や骨、筋肉の衰えから見ていきましょう。関節を構成している骨端《こったん》と骨端は、「関節腔《かんせつこう》」で囲われ、そのなかには、ぬるぬるした「滑液」が封入されています。さらに骨同士があたる面には「関節軟骨」というゴム状の軟骨シートが貼りつけられ、激しい運動にも耐えられる構造になっています。

ところが、**加齢とともにこれらの潤滑構造がだんだんダメになってきます**。関節を構成する各パーツからは弾力が失われ、骨と骨がこすれあう、靭帯が弱くなって損傷する、内壁である「滑膜《かつまく》」が炎症を起こす、関節の位置がずれてしまう、などの障害を抱えていきます。その結果、イヌは少しずつなめらかな動きができなくなり、起き上がるときや小さな段差を移動するとき、階段の上り下りのときに痛い関節をかばうようになります。

また、筋肉には関節を支える役割もあります。筋力が落ちると関節を支えられなくなり、関節の負担も増えてしまいます。以下は老犬によく見られる病気やケガです。

・変形性骨関節症、変形性脊椎症

関節のトラブルが進行すると「変形性骨関節症」「変形性脊椎《せきつい》症」になります。骨自体に出っ張りが発生して、さらに動きが悪くなってしまい、四肢であればそこをかばうようになります。その結果、反対側の足も痛めてしまい、完全に歩行不能になることもあります。特に肥満のイヌは要注意です。背骨に発生した場合は、腰痛や脊髄神経への障害が続いて発症し、後足が麻痺する場合もあります。

・**靭帯断裂、脱臼**

老犬は靭帯《じんたい》の強度が落ち、さらに周囲の筋肉も弱くなるため、「靭帯断裂」や「脱臼」が起きやすくなります。強めの捻挫《ねんざ》と間違えやすいのですが、慎重に関節を触診すると異常なズレが見つかる場合があります。高齢犬の場合、若いころであれば問題ない程度のちょっとした衝撃で、靭帯断裂や脱臼を起こします。

・**骨粗しょう症**

人で問題になっていますが、イヌでも同じです。イヌは加齢とともに骨の本体から有機物が減っていき、弾力性やしなやかさが失われます。特に骨量が減り、骨がもろくなる「骨粗しょう症」が

どうして関節がダメになってくるのか？

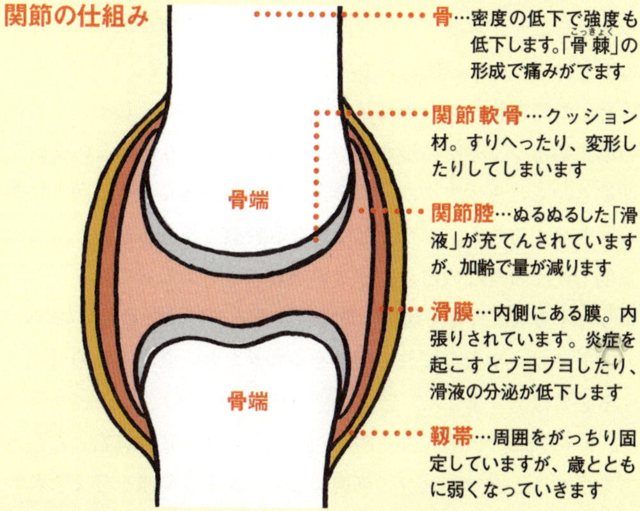
関節の仕組み
骨端
骨端
骨…密度の低下で強度も低下します。「骨棘《こっきょく》」の形成で痛みがでます
関節軟骨…クッション材。すりへったり、変形したりしてしまいます
関節腔…ぬるぬるした「滑液」が充てんされていますが、加齢で量が減ります
滑膜…内側にある膜。内張りされています。炎症を起こすとブヨブヨしたり、滑液の分泌が低下します
靭帯…周囲をがっちり固定していますが、歳とともに弱くなっていきます

歳をとるにつれて、関節を構成する各パーツから弾力が失われていきます。その結果、摩擦が大きくなって損傷と炎症が進み、関節の機能が失われていくのです

進行すると、骨が衝撃に耐えられず骨折しやすくなります。

・リウマチ性関節炎

ただの関節炎ではなく、免疫のシステムが異常を起こして関節を攻撃してしまう場合があります。これを「リウマチ性関節炎」と呼びます。一見ただの重い関節炎に見えますが、炎症が激しく、周囲の骨組織まで溶かしてしまい、関節の構造を丸ごと破壊してしまうこともあります。

✹関節、骨、筋肉の衰えの予防と対策

筋肉は使わなければ、どんどん萎縮していきます。前述のように、筋力が衰えると関節を支えられなくなり、関節にかかる負担が増えますので、元気なうちはできるだけ運動をさせて、筋力を維持するようにしてください。筋力の維持には、日常的に自力で歩かせることが重要です。お散歩のときは、平坦なアスファルトの上だけでなく、起伏のある場所（ゆるやかな階段など）や、ちょっとした障害物のある未舗装の場所を選ぶといいでしょう。公園の車止めをジグザクに歩かせると、ふだんあまり使わない筋肉を伸縮させられます。また、狭いところに追い込んで後ろ向きに歩かせたりするのも、ふだんとは異なる刺激を与えるという点で効果的です。ただこのとき、イヌが無理に身をよじってUターンしようとすると、背骨を痛める可能性があるので注意してください。

お散歩は、やたらに長い距離を歩かせたり、激しく走らせたりする必要はありません。**老犬に若いときと同じ強度の運動をさせては、骨や関節に負荷がかかりすぎて逆効果**です。変化に富んだ歩き方をさせることで、全身の筋肉にまんべんなく刺激を与えられればいいのです。もちろん、すでに関節の病気を発症しているときは、無理に運動させてはいけません。

いよいよ歩くこともできなくなったらどうすればいい？

後足が弱くなって、一見歩けなくなったように見えても、歩行補助具を使えばまだ歩けることもあります。歩行補助具は、下半身にベルトをかけて人力で持ち上げるものですが、飼い主はギリギリまであきらめずに、イヌ自身が自分の意思で歩く生活を維持してください。ただし、持ち上げる人の腕力にも限界があるので、この方法は中型犬までにかぎられます。関節痛がある場合は、消炎剤やグルコサミン製剤など、関節の潤滑をよくするサプリメントを使用すると多少緩和できます。寒いときは**患部を温めるのも効果的**です。おすすめなのは、ジップロックなどの袋にお風呂のお湯を入れて湯たんぽをつくり、ひざのうえに乗せて温める方法です。ひざを温めながら同時に四肢を伸ばしたり曲げたりして筋肉と骨に刺激を与えると、萎縮をより遅くできます。なお、使い捨てカイロは低温やけどや誤食の危険があるので避けてください。

関節痛におすすめの方法

ジップロックにお湯を入れて湯たんぽをつくり、患部にそえてあげるのも大変効果的です。たいしたお金もかかりません

老犬の衰え❷　内臓
—定期的に検診させ、良質なドッグフードを与える

歳をとると、外からは見えない内臓も老化します。続いて、主要な臓器が衰えてきたとき、イヌの体にどんなことが起こるかを見てみましょう。

・心臓が老化すると?

老齢期のイヌの心臓からは、雑音が発生することがあります。弁の開閉に支障が生じているためで、血液の循環能力が低下していきます。運動や興奮で心拍が上がったときに、めまいや脱力を起こしたり、じっとしていても呼吸が苦しくなったりします。腹水がたまり、お腹がポンポンにふくれることもあります。

・肝臓が老化すると?

肝臓はもともとかなり余力がある臓器なので、単純な老化で問題がでることはあまりありません。しかし薬の分解能力が落ちてくるため、疾患の治療としてなにか薬を投与するときは、その量を慎重に決める必要があります。また、タンパク質の合成能力が落ちると「低タンパク血症」になり、むくみなどが現れることもあります。

・腎臓が老化すると?

長寿犬では、老齢性の「腎不全」がときどき見られます。多飲多尿が起こりますが、ゆっくりと進行するので、飼い主はなかなか気がつきません。失われた腎臓の機能は戻らないので、処方食や投薬によって、残っている機能を保護・温存していきます。腎臓が老化すると、電解質バランスの崩れや、まれに貧血を起こす場合もあります。尿検査が手軽で鋭敏な指標ですので、ときどき検査しましょう。

・胃が老化すると?

硬いドッグフードやおやつのガムを消化しにくくなります。未消化のおう吐が増えるようであれば、やわらかくしてから与えてください。また、若いころは一気にたくさん食べていたイヌも、それができなくなることがあります。そのようなときは、食餌の回数を分けて与えてください。

・小腸・大腸が老化すると?

全体的な消化・吸収能力が低下するため、胃と同じく消化のよい食餌でないと下痢をしやすくなります。小腸からの消化酵素が減っていたり、大腸の運動性が落ちていたりすると、検査で目立った異常がなくても、便秘と下痢が不定期に繰り返される場合があります。

内臓がどんどん弱ってくる

若いころの強じんな消化吸収能力が衰えてくると、食いっぷりが悪くなったり、消化のよいものでないとお腹を壊しやすくなったりします

✹対応策～内臓の衰え

第1に定期検診が大事です。初期の老化は、検査してもさほど目立つ異常を示しません。本来、すべての臓器は能力に余裕があるため、機能が少し落ち始めてもなかなかわかりません。これは血液や超音波、レントゲンなど多くの検査でいえることです。老化のトラブルは、何回も検査を続けたのち、検査結果がゆっくりと下降をし始めて明らかになるからです。

第2に良質なドッグフードの供給です。一般的な老化であれば、現在与えているドッグフードと同じ種類の「老犬版」に切り替えてみるといいでしょう。もちろんおやつを与える必要はありません。ただし、いきなり全部切り替えるのは避けてください。これまでに数件、老犬版のドッグフードにしたら一気に老けてしまい、成犬用に戻したところ元気を取り戻した例がありました。体の中は、まだ若かったのでしょう。ドッグフードの最適な切り替えタイミングは個体差が大きいので、ある年齢になったとたん、いっぺんに変更するのはやめましょう。また、明らかに弱っている部分（心臓が弱い、肝臓が弱いなど）を検査で特定できたのであれば、それに対応した処方食があるので、獣医と相談のうえ、適切な食餌を処方してもらうといいでしょう。

では、サプリメント（栄養補助食品）はどうなのでしょうか？

ペットショップには、弱った部分を助けるようなサプリメントが所狭しと並べられていますが、ものによっては効用や品質に疑問符がつく商品もあります。人でもそうですが、サプリメントは最後のおまけであって、順序からいえば、そのイヌに最適なドッグフードを与えることが肝心です。よくわからないときは、与えようと思っているサプリメントの資料を担当医に見せて相談してみてください。

レントゲンでわかる老いもある

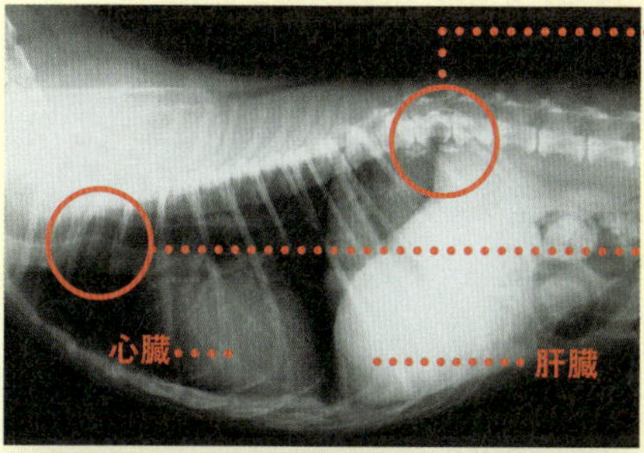

脊椎の柔軟性が落ちる「ブリッジ」ができているのがわかります

老齢変化で気管が弱くなり、蛇行しています

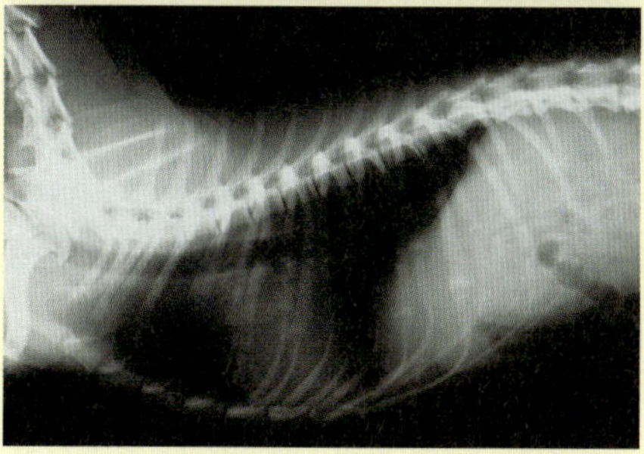

上は10歳になるポメラニアンのレントゲン写真。心臓と肝臓も少し肥大しています。下は2歳のダックスフンドのレントゲン写真。特に問題は見られません

老犬版ドッグフード

10歳以上の高齢犬向けドッグフードもあります。写真は「サイエンスダイエット シニアプラス 小粒」

写真協力：
日本ヒルズ・コルゲート

老犬の衰え❸　認知症
—飼い主があきらめると認知症が進んでしまう

イヌは人と同様「認知症」になります。私の経験だと、イヌは（ネコに比べて）しばしば管理に苦労する認知症が発生します。認知症の症状はいろいろですが、よくある症状と対応を説明しましょう。ほとんどの場合、認知症と同時に運動器官も弱り、寝たきりに近い状態になります。寝たきりになった場合の対応は200ページを参照してください。

認知症の症状❶—夜鳴き

昼夜の区別が曖昧になり、短時間ウトウトしたかと思うと、その後、妙にハイテンションになって吠える、ということを繰り返します。イヌが屋外で飼われていると近所迷惑で、苦情をいわれるのも時間の問題なので、飼い主ががまんすればよい、というわけにはいきません。また、ほとんどはどんどんひどくなるので、最初はがまんできていてもどこかで限界を超えます。屋内で飼っていても、周囲の住民は飼い主の想像以上に迷惑していることもありますので、早めに動物病院に相談することをおすすめします。

・おもな対策

精神安定剤や睡眠薬などによる行動のコントロールです。「早めに動物病院に相談してほしい」という理由は、脳に作用する精神安定剤や睡眠薬は、認知症が進んで正常に思考できない老犬ほど、効き目と安全を保証できないからです。認知症がひどいイヌだと、通常の量を飲ませてもまるで効果がなかったり、ぐったりと昏睡してしまったりする場合もあります。

また、精神安定剤や睡眠薬はイヌに合わせて何種類かの薬から選び、用量も調節するので、処方に多少時間がかかります。あまりせっぱつまった状態で「今夜から静かにさせてくれ！」と言われると、少々危険な量をださざるを得ないことになるので、余裕をもって診察を受けることをおすすめします。なお、精神安定剤によるコントロールは、認知症そのものを進行させてしまう可能性があることも覚えておきましょう。

認知症を発症して徘徊がひどいときは？

トイレシート
などを
敷き詰める
ウロウロ....
外周部には、
お風呂マットなどの
クッションを
用意する

お風呂マットやスポンジタイプの板などをつなぎあわせてサークルにしましょう（完全な円形でなくても、鼻をすりむいたりしなければOKです）。専用のものを買ってきてもかまいません。サークル内にはどこで用を足してもいいように、トイレシートを敷き詰めてください

認知症の症状❷―徘徊

夜鳴きとセットで発生しやすいのが「徘徊《はいかい》」です。夢遊病者のように、夜な夜な歩き回ります。歩くだけならまだいいのですが、なにかにぶつかっても反応が鈍いので、鼻先がすり切れるなど、ケガをするのも問題です。排泄もところかまわずしてしまいます。

・おもな対策

吠えずに黙々と歩く場合は、なるべく投薬を避けて、丸いサークルに囲っておくとよいでしょう。ぶつかったときのすり傷を減らすため、お風呂マットなど、スポンジタイプの板をつなぎ合わせて外周に配置するなど工夫をしてください。サークル内の床にはトイレシートを敷き詰めて、どこで用を足してもだいじょうぶなようにしておきましょう。とはいえ、サークルを壊したり、吠え始めたりしてひどくなってきたら、投薬に頼ることになります。

認知症の症状❸
―無気力、反応が鈍い、飼い主を忘れるなど

いままで飼ってきたイヌに話しかけても無反応――とても寂しいことですが、放置するのは最悪です。イヌ（にかぎりませんが）は、外界からの刺激がなくなると、脳はやる気を失い認知症が加速します。

・おもな対策

反応がなくてもほったらかしにせず、話しかけたり、なでたりしてイヌの心に刺激を送り続けてください。乳母車に乗せて外を散歩するだけでもいいので、できるだけ元気なときの生活パターンを維持するようにしましょう。また、人と同様、イヌにも認知症の程度がよいときと悪いときがあります。認知症の程度のよいときには、そのタイミングを逃さずいっしょに遊んであげましょ

う。なお、もともと攻撃的な性格のイヌの場合、飼い主を認識できずに侵入者とみなして襲うことがあります。この場合は飼い主が危険ですので、投薬の対象と考えるべきです。

認知症は、十分に長生きした「勲章」でもあります。生涯の最終ステージを穏やかに暮らせるように、飼い主には最大限の配慮をしてもらいたいところです。

反応が乏しくてもお散歩に連れだそう

引きこもりになると足腰は弱る一方なので、無理のない範囲で散歩に連れだしてください。乳母車に乗せて外を散歩するだけでもかまいません

イヌの寝たきり介護事情
―人と同様に床ずれ対策が重要

老犬の多くはいずれ、骨や筋肉が衰えたり、椎間板ヘルニアが治らなかったりして歩けなくなります。これまで述べた対策をすべて実行したとしても、生き物ですからいつかは「寝たきり」になってしまうものです。ここでは、いよいよ動けなくなってしまったイヌとの暮らし方を解説しましょう。イヌは、立てなくてもある程度体を動かせれば、這って移動しようとします。どんどん移動してしまうなら、サークルで囲って範囲を限定しましょう。じっとしていることが多いなら、そこまでしなくてかまいません。また、寝床のすぐ近くに飲み水や吸水トイレシートを設置して、イヌが不自由しないようにしてください。

床ずれ対策にはマットレスが欠かせない

さらにイヌの筋力が落ちてくると、寝返りも打てなくなってきます。こうなると「床ずれ」が危険です。床ずれを防ぐ基本は、体重を支えられる十分な厚みのマットレスを敷くことです。「低反発ウレタン」なら、体のでこぼこを吸収して体圧を分散できます。マットレスは、ペット用の商品でも、シュレッダーのくずをゴミ袋に詰めてざぶとん状にしたようなものでもかまいません。

マットレスの上にそのままイヌを乗せると、尿や便をしたときに染みてしまいます。マットレスの上から大型のゴミ袋をかぶせておきましょう。そして、その上にペット用の吸水トイレシートを置きます。最後にいちばん上にバスタオルやタオルケット、シーツをかぶせて完成です。汚れたらバスタオルやタオルケット、シーツだけをどんどん取り替えてください。尿の量が多いときは吸水トイレシートを腰の下に敷くといいでしょう。薄い安物だと吸収しきれずに体が濡れてしまいますので、吸水性能のよいものを使ってください。

寝たきりでほとんど動かないイヌの場合

　イヌが微動だにせず、寝たままだと、いかに高性能なマットレスでも床ずれを避けられません。できれば30分に1回は体を反転させてあげたいところです。難しければ2時間に1回でもいいでしょう。やせた老犬の体は、横顔、肩甲骨、肘、腰骨、ひざ、くるぶしの辺りにいちばん圧力がかかります。世話をするときによく観察して、前述の箇所が赤くなっていたら獣医に相談しましょう。

イヌの床ずれ対策

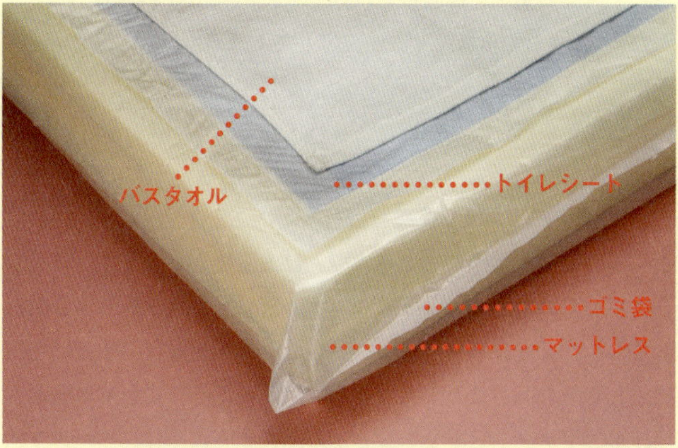

マットレス（理想は低反発タイプ）を大型のゴミ袋でくるみ、その上に水を吸収するトイレシートを敷きます。いちばん上にバスタオルなどを置けば完成です。写真の構成は3,000～4,000円程度です

通常、直径10cmぐらいの巨大な魚の目のような、パッド状のスポンジをあてて、床ずれ部位への圧力を周囲に逃がしながら傷を治療します。どんなものをどのようにあてるかは状況に応じて獣医が教えてくれます。ふだんの世話の状況を説明してあげてください。また、寝たきりになると精神的にも退行が加速します。できるだけ話しかけたり、なでてあげたりすることも肝心です。

寝たきりのイヌに「おむつ」はおすすめできない

イヌが横倒しの姿勢で排尿すると、尿は吸水ポリマー層に到達せず、体にそって低いほうに流れます。おむつからあふれだしてしまううえ、おむつの内部は尿でぐっしょりのまま長時間放置されます。飼い主がマメに確認・交換すればいいのですが、おむつでおおわれていると内側が見えないので、発見が遅れます。いままで、おむつをはかせられた寝たきりのイヌが、細菌感染性膀胱炎と下腹部の湿疹を併発しているケースを、何度も目にしました。おむつは「立って歩けるイヌが失禁してしまう」ときに利用するべきでしょう。

寝たきりになったイヌへの食餌の与え方

寝たきりのイヌは、食餌を自分でとることも難しくなります。この場合は飼い主が口まで運んであげる必要があります。寝たきりになる前の状態でのドッグフードの量、水の量を忘れずに記録しておき、目安にしてください。寝たきりのイヌは、水だけを口に入れるとむせることがあります。飲みにくそうにしているときは、水とドッグフードをいっしょにミキサーにかけ、ペースト状のドッグフードをつくってください。ペースト状のドッグフードは、注射器のポンプで口にそっと入れます。無理にねじ込むと気管に入って危ないので、ほおの内側か舌の上に少しずつ乗せながら、じょうずに飲み込めるポイントを探しましょう。あくまでも、自分の意思で飲み込ませるようにしないと危険です。なかには従順に飲んでいるように見えるのに、気管に流れ込んでしまっているイヌもいますので、そのときむせていなくても、食事終了後の呼吸の様子は、注意深く観察しておく必要があります。

理想的な介護をしようと思ったら、大変な努力が必要です。現実問題として、完璧に介護しているご家庭はめったにありません。しかし長年連れ添った家族の「最終ステージ」です。愛犬に合わせて環境を整えて、できるだけ楽に暮らせるようにしてあげましょう。きっと訪れるであろう、自分が介護される側になったときのことを想像しながら最善をつくしてほしいものです。

寝たきりのイヌに食餌を与えるには？

自力で食べられないほど弱っているイヌには、ウェットタイプのドッグフードをミキサーでペースト状にして、注射器を使って与えましょう。舌の上に乗せると「モグモグ、ゴックン」と飲み込みます。そうしたら、次の分をまた入れてあげましょう。注射器はペットショップなどで手に入れられます

老犬になると歯がボロボロになる
──予防に勝る治療はない

動物は甘いものを食べず、唾液の成分なども人と異なるので、いわゆる虫歯にはまずかかりません。問題となるのは「**歯石**《しせき》」です。歯石とは、歯の表面に残った細菌の温床「歯垢《しこう》」に唾液のなかのカルシウムが混ざり、「石灰沈着《せっかいちんちゃく》」を起こしたものです。最初は茶渋のように表面がにごるだけですが、だんだん上塗りされて厚みを増していきます。これが歯と歯茎の間の「歯周ポケット」にまで進み、歯肉を押し広げて退縮させていくのです。

放置すると歯を支える土台がひどい炎症を起こして「**歯槽膿漏**《しそうのうろう》」になります。いっそ歯がそのまま抜けてしまえばいいのですが、根っこだけ残ったグラグラな状態で長期間、化のうし続けて痛みが止まらないことが多く、深い部分にまで細菌が達すると、あごの骨が破壊されることさえあります。

歯の健康は予防に勝る治療方法はない

歯を守るには予防が肝心です。歯石の沈着を防ぐもっとも基本的で重要な点は、「**歯磨き**」です。イヌの歯を磨くときは乳幼児用の小さな歯ブラシやペット用の歯ブラシを使いますが、ほとんどのイヌは口をいじられることを嫌うので、最初は素手をイヌの口の中に入れて歯を触り、慣れさせましょう。歯の表側を指の腹で触ってマッサージし、飼い主がイヌの口の中を好きに触ってもいやがらないようにするのです。

次に100円ショップで売っているようなペラペラの布製白手袋をはめ、濡らして素手のときと同じようにマッサージをします。大

歯槽膿漏になる仕組み

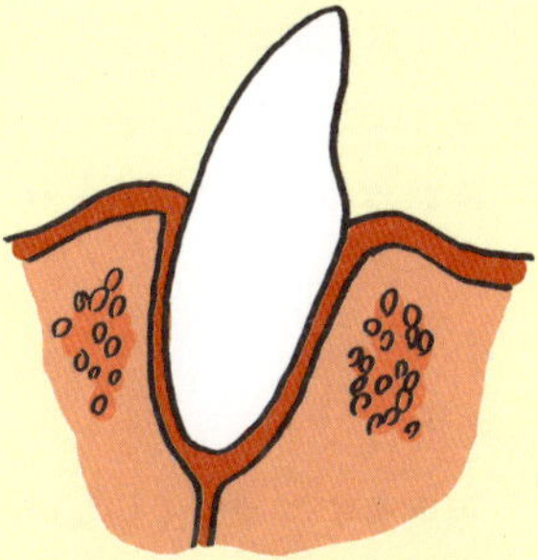

正常な歯は、歯と歯茎の間に隙間がありませんが……

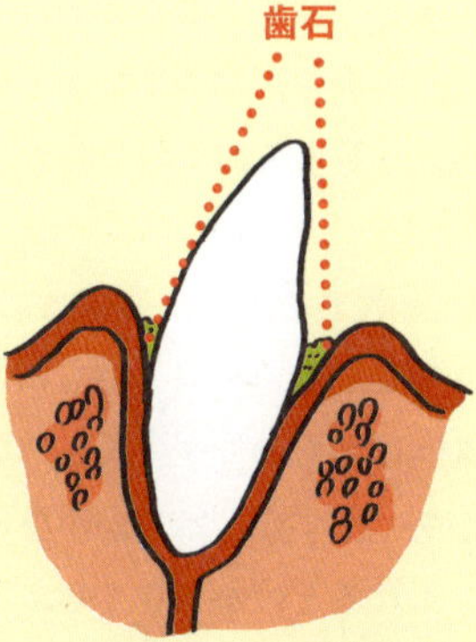

ケアをしないと、歯垢にカルシウムがまざった歯石が、歯と歯茎の間にある「歯周ポケット」に入り込んでいきます

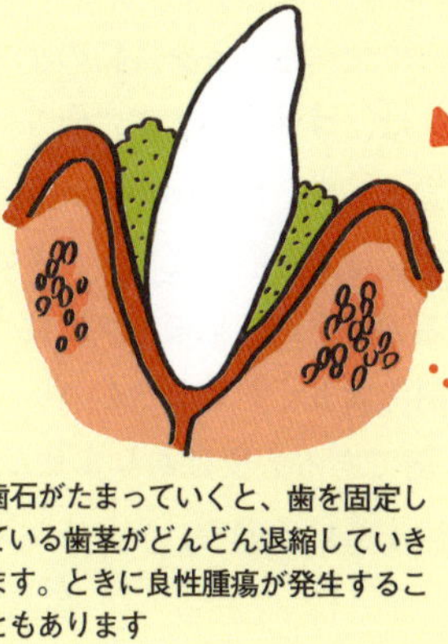

歯石がたまっていくと、歯を固定している歯茎がどんどん退縮していきます。ときに良性腫瘍が発生することもあります

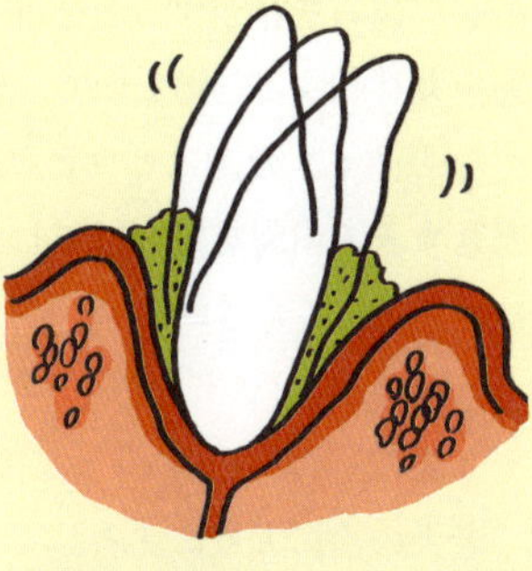

最終的には歯がグラグラになり、抜けてしまいます。ひどいときにはあごの骨まで痛めてしまいます

型犬は軍手でもいいでしょう。これだけで掃除効果があります。これにも慣れたら歯ブラシを使って歯垢を取ってあげましょう。イヌ用の歯磨き剤が売られていますが、イヌが嫌がったり、お腹を壊したりするようであれば使わないようにしてください。基本的に歯磨き剤は不要です。もちろん、歯磨きの習慣は、子犬のころに仕込んでおくのが最適です。

歯磨きおもちゃやおやつは補助的に

補助的な方法は、おもにどうしても歯磨きをさせてくれないイヌ向けのものです。代表的なものに歯磨き系のおもちゃやおやつがありますが、イヌがかならずしもこれらを噛んだり食べたりしてくれるとはかぎりません。磨きたい部位にあたらずに効果がないこともあります。試してダメなら、いろいろ変えてみましょう。おやつは、食べ物を小さく食いちぎって食べるような性格のイヌ以外には向きません。せっかちなイヌは、ロクに噛まずに飲み込んでしまうからです。歯石用の処方食として、硬く固めたドライフードが売られています。イヌが硬いフードを噛みくだくときの衝撃で歯石をはがすことを狙っているのですが、本来イヌは食べ物を丸呑みする動物なので、過大な期待はよくありません。

なお、イヌの歯はピカピカの白い歯である必要はありません。磨きすぎて歯肉を傷つけてしまう飼い主もいるので、やりすぎには注意してください。

すでに沈着してしまった歯石はどうする?

老犬の歯に大量に沈着してしまった歯石は、全身麻酔をかけてから「超音波スケーラー」で削り取ります。「歯冠部」(歯の上部)のつるつるしたエナメル質の歯石は落ちるのですが、歯根部(歯の下部）はザラザラしているため落ちません。また、歯根部の拡大した歯周ポケットももとに戻らないため、一時的にクリーニングしてもそこには深いクレバスが残ります。そして新しい歯垢がふたたび詰まり、歯茎の化膿と歯石はすぐに復活してしまうのです。

　さらに年齢が進むと麻酔のリスクも増え、超音波スケーラーで削り取ることもままならなくなっていきます。**歯の健康は予防がもっとも大切**で、ひどくなってからでは遅いのです。そしてどうにもならなくなると「抜歯手術」しかありません。

布手袋で歯を掃除しよう

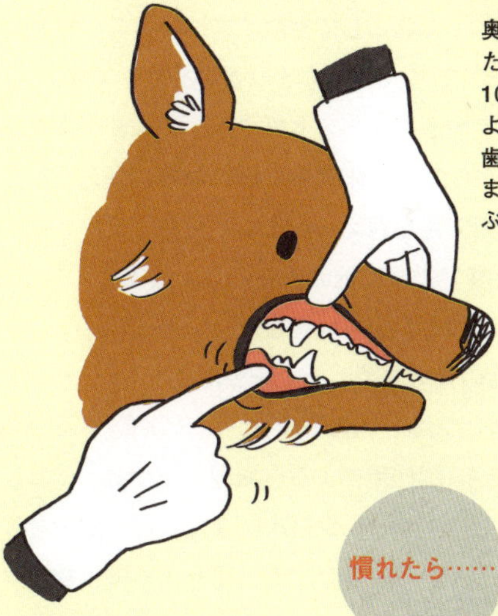

奥歯の外側がいちばん歯石のたまりやすいポイントです。100円ショップで売っているような布の手袋を水で濡らし、歯と歯茎をごしごししてあげましょう。これだけでもずいぶんきれいになります

口の中を触られるのに慣れてきたら、歯ブラシで磨いてあげましょう。ただし、あまり強くこすらないように

増えているイヌのがん
—がんだからといってすぐにあきらめないで！

最近はイヌの「がん」をよく見かけます。老犬の診察中、どこかにコブの1つを抱えていることなどはめずらしくありません。ひと口にがんといってもさまざまで、治療法や生存率も異なります。愛犬ががんにかかっていたら、どうすればいいのでしょうか？

1つ申しあげたいのは「すぐにあきらめないでほしい」ということです。飼い主の方の中には「がんじゃ、もう助からないから……」と帰ろうとする方がいますが、それはちょっと早計です。家族の一員として長年いっしょに暮らしてきたイヌに対して、いきなり「完治」か「死」かの2つに1つではあんまりというものです。

もちろん、がんが完治するのがベストです。しかし、がんをうまくコントロールしながら愛犬の体調を良好に保ち、ガンで命を落とさないまま別の原因で死を迎えられることもあります。完治しなくても、適切な治療で大幅に延命できることもあるのです。これは、がんに「判定勝ち」したともいえます。

また、「長い闘病生活の果てに苦しんで命を落とす」イメージをもつ方もいるかもしれませんが、人と異なり、**イヌの抗がん剤治療にさほど苦痛はありません**（副作用による白血球の減少と、それにともなう2次感染などの危険はありますが）。また、がんが全身に転移して手のほどこしようがない場合でも、痛み止めで苦痛をコントロールできます。

完治しないがんにかかった愛犬とどう向き合うかは、飼い主の考え方次第なので、絶対に正しい答えはありませんが、あきらめが早いのは考えものではないでしょうか？

がんとは？

良性腫瘍

悪性腫瘍 → がん

良性腫瘍と悪性腫瘍のうち、悪性腫瘍ががんになります。放っておくとどんどん増殖して、転移してしまうので手に負えません

イヌによく見られるやっかいな腫瘍

乳腺腫瘍	最初は乳腺のしこりとして気がつきますが、単発〜同時多発、隣接する乳腺への転移や遠隔転移も起こします。早期に避妊手術することで発生率を下げられます。約50％が悪性で、初期であれば切除＋避妊手術で完治が期待できるものの、放置して転移してからの来院では予後は厳しいです。高齢による手術リスクと相談して、そのままにすることもあります
肥満細胞腫	乳腺腫瘍に次いで多いのが皮膚の腫瘍です。なかでも皮膚型の肥満細胞腫はよく見るうえに非常にやっかいな腫瘍です（内部に発生する肥満細胞腫もあります）。形態はまちまちで、たいていは大したことがなさそうに見えるのですが、見た目の規模に関係なく、突然ショックで死亡することもある恐ろしい腫瘍です。しかも、手術も難しいものなのです。飼い主がこれを自宅の検診で見つけるのは無理なので、ふつうではないデキモノがあれば、獣医に診察してもらいましょう
扁平上皮がん	眼や唇、肉球など、手術で切り取る余裕のないところにできやすいのが困った点で、ある程度大きくなってしまうと顔を大きくえぐるように切除したり、四肢を切断しなければなりません。形はさまざまで、やはり細胞を検査しないと判断できません。放射線照射などで抑え込みを狙うこともあります
骨の腫瘍	細かく分類するといろいろあるのですが、四肢であれば通常は根元から切除する断脚術になります。関節の痛みや不快感で気がつきますが、初期はレントゲンにも映りにくく、判断には時間がかかります
内臓の腫瘍	部位によりますが、通常はかなり進行するまで症状はでません。また、切除できる場所がかぎられており、手術できないところまで転移している場合、有効な治療法はあまりありません。体表の腫瘍に比べて内部の腫瘍は発見しにくく、手遅れになりがちです。今後、腫瘍マーカー検査の進歩など、イヌに負担のかからない検査方法の発達で、発見率の向上が期待できます

イヌが最期を迎えるとき
―どこで看取る？　緊急蘇生はするべき？

ペットとして飼っているイヌはふつう、遅かれ早かれ、飼い主より先に命を落とします。これ以上治療しても回復の見込みはないが、まだひどい苦痛に襲われているわけではない。意識もあるし、呼びかけにも応じる……交通事故などで死なれてしまうのでもないかぎり、きっとこんな光景に出会うはずです。そして、飼い主はそんなじょじょに衰弱していく愛犬をまのあたりにする前に、考えておかなければいけないことがあります。

イヌをどこで看取るのか？

イヌが終末医療を受けている場合、たいていは入院して点滴を受けている状態でしょう。この場合の問題は、夜間の容態の急変に対応するのが難しいことです。完全24時間体制の動物病院は、ごく一部です。もちろん飼い主は愛犬の死に目に会えず、イヌも知らない場所で1人、死ぬことになります。しかし、点滴だけでも、しないよりはしたほうが少しは楽でしょう。会えなくてもいいから（あるいは最期に立ち会うのがつらいから）と、限界まで入院させて治療を希望する人もいます。これは1つの考え方ですので、どちらがよい、悪いという話ではありません。

また「いよいよ」となった時点で連れ帰り、家で看取る飼い主もいます。経験上は後者が圧倒的に多く、私もそのほうがいいと思います。最期は飼い主が自宅で看取る、というのが私の考えです。また、家族が仕事や学校に行ってしまい、家が留守になる日中だけ入院して、夜は連れて帰る、というスタイルもあります。

いざというときに緊急蘇生をするか、しないか

緊急蘇生はとてもデリケートな問題です。最初に申しあげておきたいのは、**最終的な判断は飼い主がしなければいけない**ということです。それをご理解いただいたうえで私の考えを述べます。

・緊急蘇生をしたほうがいいと考えられる場合

若いイヌが交通事故などにあい、ショック状態に陥っている場合はしたほうがいいでしょう。うまく乗り越えられれば、よくなって元気に退院できる可能性もかなりあります。緊急蘇生で、ある程度回復の見込みがある老犬もそうです。また、獣医から連絡を受けて、10分以内に動物病院にかけつけられ、最期の瞬間に立

病院にまかせる？　自宅で看取る？

死の転帰をとると予想されたとき、悲しんでばかりいるわけにはいきません。個人的には住み慣れた家で看取ってあげるのがいちばんいいと思いますが、最終的には飼い主の考え方によります

ち会うためならば、緊急蘇生を頼む意義はあるでしょう。

・無理に緊急蘇生をしなくてもいいと考えられる場合

老犬は衰弱すると、最後には呼吸が停止します。緊急蘇生は、酸素吸入や心臓マッサージ、強心剤の注射などで、一時的に心拍や呼吸は回復するのですが、結局、数十分後には同じことになり、2〜3回目にはついに、この緊急蘇生に反応しなくなります。死の世界から生の世界に連れ戻そうとしているわけですが、そこにはいくばくかの苦痛があるかもしれません。つまり、回復の見込みがなく、意識が遠のき、ろうそくの火がふっと消えるように旅立つのであれば、それを無理に引き戻すのは人のエゴかもしれないということです。なお、このような自然死しようとしている老犬の緊急蘇生に関して飼い主に事前相談すると、「緊急蘇生はしなくていい」という方のほうが多いようです。

安楽死について

どんな生き物でも最期は死にます。特に病気ではなくたんに衰弱したとしても、おそらく最期の瞬間、少しは苦しいでしょう。しかしそれは誰もが等しく通過する儀式ですから、静観すべきだと思います。しかし、円満な最期とはいえないような苦痛がともなっているとき——たとえば、呼吸困難で死亡する場合などは、見ていてつらいものです。その苦痛から救ってあげるためなら、安楽死という手段を選択してもいいと思います。もちろん、その見きわめをするのは、最終的には飼い主です。

この本を書いている現在、私の家のイヌがまさに死の床についています。先天性の疾患で長生きできないのはわかっており、これまで数え切れないほどの死に立ち会ってきましたが、やはり自分のイヌとなると感情の乱れを抑えられません。あなたが飼っているイヌとの出会いは1回だけで、2度とありません。恐らくどんな選択をしても、イヌがその選択を望んでいたのか、かならず疑問と後悔があとででてくるでしょう。それを少しでも減らすためにも、最大の配慮をしてあげてください。全力でイヌを看取ることは、自分のためでもあるのです。

「先生、この子はどうしてあげたらいいと思いますか？」
とよく聞かれます。私はこう答えています。

「それは飼い主さんが決めてあげてください。十何年ものつき合いなんですから、この子がいま、なにを望んでいるのか、いちばんわかるのはあなたなんですから」と。

精一杯の看護は自分のためでもある

「ベストを尽くした」と思える看護や介護をしてあげれば、愛犬を失ったあとに思い悩む度合がずいぶん違うものです。また、獣医は「どういう最期の形があるのか」、いくつかの選択肢を示せます。ご家族でよく相談して決めてあげてください

付録01 緊急時に備えて用意しておきたいもの
—必要なものを自前で集めれば安あがり

イヌがケガや病気になったとき、まず手当てをしてあげられるのは飼い主です。適切な応急手当てをしてあげられれば、被害を最小限にくいとめ、その後の回復も早くなります。以下のリストにあるものを救急箱などに入れてまとめておくとよいでしょう。もちろん、よくわからない場合や手に負えない場合は、すぐに獣医に相談してください。

滅菌ガーゼ
爪を折ったときなどの止血に利用します。緊急時、手元になければティッシュでもかまいません。外傷は通常、初めから雑菌まみれなので、ガーゼは完全な滅菌品でなくてもかまいません。

消毒薬（マキロン程度の弱いもの）
傷口の消毒に使います。「オキシドール」などの強い消毒薬は、傷を悪化させる可能性があるので避けてください。

ウェットティッシュ
傷口は、水道水で洗い流すのが基本ですが、こびりついた汚れはそっとウェットティッシュでふきとってください。

投与薬の備蓄
心疾患やてんかん発作をもつイヌには、急変時に病院へ行くまでの時間をかせぐための「緊急薬」が処方されることがあります。手持ちの緊急薬数は、余裕をもって用意しておきましょう。災害時に備えるならば、常用している薬や使用中の療法食も、なくなるより少し前に購入しておくとよいでしょう。

伸縮包帯
傷などを保護する必要があるとき、紙テープやばんそうこうは、伸縮が追いつかず、はがれてしまうため、伸縮包帯がおすすめです。1巻き200円前後で薬局にあります。伸縮包帯の幅は、体格と目的によりますが、3～5cmくらいのものでよいでしょう。伸縮包帯は、ゆるくテンションをかけながら巻きます。最後をへりに押し込んでしまえば、固定用のテープや金具を使わずにすむので、誤食の危険も避けられます。

輸送用のキャリーケース
ふだんは車に乗らないで元気に散歩する生活でも、急病時には車を利用することがあるかもしれません。タクシーは、箱にきちんと入っていないと乗車を拒否されますし、自家用車でも1人で運ぶときは、ケージに入れておかないと運転者の注意が散漫になり、交通事故につながります。常用しないのであれば、プラスチック製の市販品ではなく、サイズの合うダンボールを用意しておくだけでもかまいません。大型の老犬の場合は、たんかを使うことがたまにありますが、大人が2名いるなら、じょうぶなタオルケットをハンモックのようにして代用してもいいでしょう。

夜間救急病院とペットOKのタクシーの電話番号
緊急時にあわてて調べ始めても、時間のロスになります。事前に調べておきましょう。

付録02 健康チェック/ケアリスト
—トラブルは飼い主が早期発見!

毎日のチェック/ケア項目

飼い主だからこそできるのが、日々のチェックとケアです。日々のお世話をていねいにしてあげれば、さまざまなトラブルを早期発見できるため、深刻な事態に陥りにくくなります。簡単・手軽にできる項目を紹介します。

☐ **元気**
体の動きに躍動感はあるか、目、耳、しっぽなどを使った感情表現が鈍くなってはいないか

☐ **食欲**
食べるスピードに異常はないか、口や歯を気にする様子はないか

☐ **尿**
色、におい、回数、勢いのよさ、キレのよさに異常はないか、所要時間に異常はないか

☐ **便**
色、におい、回数、硬さに異常はないか、大型異物の混入はないか、所要時間に異常はないか

☐ **目**
左右の対称性は維持されているか、まぶたのはれと形、しょぼつき、黒目(角膜)の透明感に異常がないか、奥のほうに白濁や出血がないか、白目の充血、色、目ヤニの具合も確認

☐ **四肢端の皮膚**
傷、皮膚炎はないか、爪の損傷はないか

☐ **動作の滑らかさ**
どこかをかばって歩いていないか、特定のポーズ、動作で痛みを感じていないか

☐ **ブラッシング**
長毛種は毎日やらないとからんでしまう

☐ **外飼い犬**
散歩時にノミやダニを拾うことがあるので、背の高い草むらなどを通過した場合は、帰宅時にチェック。たまに、庭がまるごと、ノミやダニで汚染されていることがあるので注意

毎週〜毎月のチェック/ケア項目

毎日はできなくても、月に1回程度はしてあげたいのがこのリストです。定期的に行うことで年間の変動がわかるので、その後の参考にもなります。

☐ **耳**
汚れ、におい、かゆみ、赤味はないか

☐ **全身の皮膚**
汚れ、におい、かゆみ、脱毛、赤味はないかをチェック。仰向けにさせて、ふだん見ないところも探る

☐ **体重**
多少の変動はかまわないが、食餌のメニューを変えていないのに大きく変動していたらなにか原因がある

☐ **シャンプー**
屋内犬はだいたい1〜2週間に1回。このときに耳や皮膚を同時にチェック

☐ **肛門腺**
お尻にあるにおいの分泌腺で、放っておくと内容液がたまりすぎて炎症を起こすことがある。シャンプー時に掃除する

☐ **発情サイクルの把握**
異常に早く/遅くないか、陰部からうみがでていないか、粘膜の色がおかしくないか

☐ **口の中**
歯石、歯肉炎、口の中に腫瘍がないか

☐ **体表のしこり**
皮膚や乳腺に腫瘍がないか、リンパ節、骨・関節が変形していないか、全身を触って確認する

☐ **爪**
長さ、偏磨耗、割れがないか確認。足先をいじられるのは嫌いなイヌが多いので、あわてずおだやかに

毎年のチェック/ケア項目

ふだんはたいへんなチェックも、年に1回くらいはしてあげたいものです。大がかりなものはかかりつけの獣医と相談しながら行ってください。

☐ **胸部と腹部のレントゲン撮影**

☐ **健康診断用の血液検査**

☐ **検便**

付録03 ボディ・コンディション・スコアを目安に体重を管理
―直感に頼らず、はっきりした指標で確認する

「ボディ・コンディション・スコア」(BCS)とは、太り具合を具体的な数値で表す指標のことです。使われる指標は「体重」と「体脂肪率」の2つです。とはいえ、この2つを家庭でこまめに量ることは難しいですから、下の図の概要を参考に、飼っているイヌを確認してください。理想体重だけを獣医に教えてもらって、体重だけ自宅で管理するのもおすすめです。ちなみに、ボディ・コンディション・スコアはイヌだけでなく、ネコ、牛、馬、豚、羊、山羊などさまざまな動物に用意されています。

図 ボディ・コンディション・スコア

予想BCS	体型	状態	体重	体脂肪率	概要
BCS1		やせすぎ	理想体重の85%未満	5%未満	明らかな栄養失調。肋骨、背骨、骨盤は、ガリガリに浮いてしまっている。深刻な消耗性の疾患にかかっているイヌや、末期が近い老犬のほか、飼い主による極端なダイエットの被害にあっているイヌに見られる
BCS2		やや体重不足	理想体重の85%以上95%未満	5%以上15%未満	ややややせている状態。皮膚の下の脂肪は薄く、触ると肋骨がゴツゴツとあたる。ハウンドなどの猟犬を現役で用いているオーナーが、これぐらいの体型に調節するケースもあるが、家庭で飼うイヌとしては、もう少し太らせていい
BCS3		理想体重	理想体重の95%以上105%未満	15%以上25%未満	正常な状態。肋骨の段差は、なでると手に触れるかどうか、というレベル。雑誌にでてくるコンテスト犬は、だいたいこのぐらいに仕上げてある
BCS4		やや体重過剰	理想体重の105%以上115%未満	25%以上35%未満	少し太り気味。このレベルのイヌは、道端でよく見かけるものだ。しかし、決して正しい姿ではない。下腹部は、ちょっとだらしなくブヨブヨしている。さわり心地がいいので、飼い主がダイエットしてくれないケースも
BCS5		肥満	理想体重の115%以上	35%以上	明らかに太りすぎ。おだんごに手足が生えたようなシルエットで、相当探さないと肋骨に触れない。背中はぜい肉で平坦になり、コップを乗せて歩けそうなことも。四肢の骨格に大きな負担がかかり、歩く様をはじめ、すべての動作が重々しい

参考：『小動物の臨床栄養学 第4版』(学窓社)

※体重と体脂肪率は目安です

付録 04

イヌの年齢と人の年齢の対照表
―2年たつころには、すっかり大人！

昔からよくいわれているのは、「イヌ（小型～中型犬）は1年で、人の15歳相当（大型犬は12歳相当）に成長、2年で24歳になる。その後は、4倍の速度（大型犬は7倍）で年をとっていく」という目安。小型～中型犬の寿命は14～17年、大型犬の寿命は9～13年と、大型犬のほうが短いのも特徴です。小型～中型犬は早く大人になりますが、老化は大型犬に比べてゆるやかです。逆に大型犬は、ゆっくり大人になって老化は早く訪れます。

図 イヌと人の年齢対照表

イヌ(小型～中型)	人
1カ月	1歳
2カ月	3歳
3カ月	5歳
6カ月	9歳
9カ月	13歳
1年	15歳
2年	24歳
3年	28歳
4年	32歳
5年	36歳
6年	40歳
7年	44歳
8年	48歳
9年	52歳
10年	56歳
11年	60歳
12年	64歳
13年	68歳
14年	72歳
15年	76歳
16年	80歳
17年	84歳
18年	88歳
19年	92歳
20年	96歳

イヌ(大型)	人
1カ月	1歳
2カ月	3歳
3カ月	5歳
6カ月	7歳
9カ月	9歳
1年	12歳
2年	19歳
3年	26歳
4年	33歳
5年	40歳
6年	47歳
7年	54歳
8年	61歳
9年	68歳
10年	75歳
11年	82歳
12年	89歳
13年	96歳

小型～中型犬の3年目以降

1年で15歳、2年で24歳、
3年目以降は1年で4歳、歳をとる

人の年齢＝24＋(イヌの年齢－2)×4

大型犬の2年目以降

1年で12歳、2年目以降は
1年で7歳、歳をとる

人の年齢＝12＋(イヌの年齢－1)×7

※実際は、犬種、飼育環境などによる個体差が大きいので、あくまでも目安です

参考：『小動物の臨床栄養学 Ⅲ』(日本ヒルズ・コルゲート内　マーク・モーリス研究所連絡事務局)

おわりに

私は子供のころ、「カール」というイヌを飼っていました。カールが9歳のときのことです。ひどい下痢が続いていたので、「おかしいな」と思って近所の動物病院へ連れて行きました。カールは、「犬ジステンパー」にかかっていました。犬ジステンパーは、犬ジステンパーウイルスによって起こる病気で、感染率が高く、感染して発症すると死亡率は90%以上の恐ろしい病気です。また、ジステンパーウイルスを駆逐する有効な薬もないため、対処療法しかありません。

当時は、イヌへの静脈点滴が一般的でなかった時代のせいか、その獣医は、いまと比べるとたいした治療をすることもなく、カールはそのまま衰弱して息を引き取りました。

亡くして初めて、自分の適当さ、いい加減さに気がつきました。犬ジステンパーはワクチンでほぼ防げる病気です。また、かかったあとでも、もっと早く病院へ行っていたらたぶん助かったでしょう。「つぐなうためにはどうしたらいいのだろうか……？」。この件がきっかけで、私は獣医を目指しました。

今度は、獣医になってからのことです。内臓の先天異常で長く生きられそうにないフレンチ・ブルドッグが、私の前に現れました。一般的にこのような先天異常をもつイヌは処分されることが多いのですが、あまりにかわいかったため引き取り、育てていました。しかし残念ながら先日、4年半で限界が訪れ、他界しました。最善は尽くしたつもりですが、それでも「ああしておけばよかった」「こうしておけばよかった」と、次々に後悔が襲ってきます。もう獣医になっているにもかかわらずです。

この本を手に取ったみなさんの中には、イヌが元気なうちはなにも心配していない方も多いでしょう。なにか異常の予兆が見えても、「たいしたことはないだろう」「気のせいだろう」と楽観しているかもしれません。しかしイヌも人も、いつかはかならず死にます。そのときに、笑って見送ってあげられるように、いまのうちにできることを考えてあげてください。

獣医はペットの病気を単純に治すだけではなく、飼い主とともに健康管理をするのも仕事です。また、治らない病や死に至る病と戦うのも役割のうちです。自分が飼っているイヌについてなにかを感じたら、病気のことでなくても遠慮なくなんでも話してください。飼い主と獣医のコミュニケーションがあるからこそ、愛犬に最適な方法を提案できるのです。この本がきっかけで、本当に愛犬のためになる飼い方をする飼い主の方々が増え、もっと多くのイヌがより幸福になれば、これにまさる喜びはありません。

最後になりましたが、的確でかわいいイラストを描いてくださったイラストレーターの伊藤和人氏、この本の執筆の機会を与えてくれたサイエンス・アイ編集部の石井顕一氏に、厚く御礼申しあげます。

《参考文献》

『イラストでみる犬の病気』 小野憲一郎、今井壮一、多川政弘、安川明男、後藤直彰/編者
講談社サイエンティフィック/編集
(講談社、1996年)

『犬と猫の腫瘍』 Wallace B.Morrison/編　小川博之、佐々木伸雄、中間實徳/監修
(学窓社、2004年)

『獣医眼科学』 SLATTER/著　江島博康/訳者代表
松原哲舟/監
(LLL.Seminar、2000年)

『小動物の臨床栄養学 第4版』 Michael S.Hand、Craig D.Thatcher、Rebecca L.Remillard、Philip Roudebush/編
本好茂一/監修
(学窓社、2001年)

『小動物の臨床栄養学 III』 Lon D.Lewis、Mark L.Morris,Jr.、Michael S.Hand/著
一木彦三/訳
(日本ヒルズ・コルゲート内　マーク・モーリス研究所連絡事務局、1989年)

『犬の病気がわかる本』 RETRIEVER編集部/編、玉川清司/監修
(エイ出版社、2008年)

『ペットフードハンドブック』 ペットフード工業会/著
(ペットフード工業会、2005年)